Robert Burdy · Philippe Orban
Das Aikido-Prinzip

Robert Burdy
Philippe Orban

Nutze die Kraft deines Gegners

Econ

Econ ist ein Verlag
der Ullstein Buchverlage GmbH

ISBN 978-3-430-20146-9

© der deutschsprachigen Ausgabe
Ullstein Buchverlage GmbH, Berlin 2013
© für Fotos: Robert Burdy und Philippe Orban
Grafiken: © Deutscher Infografikdienst
Alle Rechte vorbehalten
Gesetzt aus der Palationo und Legacy Sans
bei LVD GmbH, Berlin
Druck und Bindearbeiten: Pustet, Regensburg
Printed in Germany

Die Wirtschaft ist die Grundlage der Gesellschaft. Wenn die Wirtschaft stabil ist, entwickelt sich die Gesellschaft. Die ideale Wirtschaft verbindet das Spirituelle und das Materielle, und die wertvollsten Ressourcen sind Ernsthaftigkeit und Liebe.

Morihei Ueshiba, Begründer des Aikido

Inhalt

Vorwort 9

Erstes Buch: Die richtige Umgebung 15

1 Von der Zielgeraden in die Aufwärtsspirale
  Wie Manager stärker und größer ans Ziel kommen 17

2 Management mit Hybrid-Antrieb
  Wie Manager in der Krise gegengerichtete
  Kräfte nutzen 37

3 Angst – entlassen Sie Ihren schlechtesten Ratgeber
  Wie Manager Vertrauen lernen können 55

Zweites Buch: Die richtige Haltung 75

4 Je tiefer der Schwerpunkt, desto stabiler der Manager
  Wie Sie auch ganz oben die Bodenhaftung behalten 77

5 Balanceakt
  Die Drahtseilnummer mit der Ausgewogenheit 97

6 Erfolgskultur statt Gewinnerkultur
  Der Gewinner bekommt nicht alles 113

7 Führung ist das Privileg der Geführten
  Respekt – die schwierige Disziplin 133

Drittes Buch: Die richtige Handlung 147

8 Aus Lernprozessen können Sie nur
  als Gewinner hervorgehen
  Der Weg zur Weisheit für Unternehmen
  und Mitarbeiter 149

9 Die Kraft der Intuition
  Mit natürlichen Bewegungen ans Ziel 167

10 Fokussierung statt Reduzierung
   Energie bündeln 181

11 Führung als Kontaktsport
   Gehen Sie auf Tuchfühlung mit Ihren Kollegen
   und Mitarbeitern 193

Viertes Buch: Die richtigen Werkzeuge 211

12 Zeit – der Igel gewinnt das Rennen
   Die Lehre von der Effizienz der Langsamkeit 213

13 Gesunder Körper, gesunder Geist,
   gesunder Manager
   Von der Kunst, sich wirklich zu verwöhnen 229

14 Der Sensei – Lehrer im Alltag
   Wie Manager die Freiheit finden, nicht immer
   Chef zu sein 247

Die Verbeugung 263

Danksagung 265

Vorwort

Dies ist kein Buch für unsere Managementwelt. Dies ist ein Buch für unsere Managementwelt, wie sie sein könnte. Dies ist ein Buch für all jene, die zumindest das dumpfe Gefühl haben, irgendetwas läuft hier falsch. Der Erfolg gibt mir keine Befriedigung. Das Geld gibt mir keine Freiheit. Die Macht gibt mir keine Gestaltungsmöglichkeiten.

Wer heute für ein Unternehmen, eine Abteilung, eine öffentliche Einrichtung, eine Behörde oder ein Ministerium Verantwortung trägt, der hat es nicht leicht. Der moderne Manager hechelt von einem Konflikt zum nächsten und aus einer Krise in die andere. Und wenn es mal keine Krise und keinen Konflikt gibt, dann sucht er sich einen. Ein Manager ohne Konflikt, ohne Krise, ohne Druck ist ein Warmduscher unter den Managern. Ein Weichei. Einer, der es sich gutgehen lässt. Und so wird oft das ehrgeizig gesteckte Ziel zum krankhaften Zwang. Die »Freiheit an der Spitze der Macht« entpuppt sich als Fata Morgana, die nie erreicht wird.

Modernes Management ist Krisenmanagement. Wir befinden uns in permanent aufeinanderfolgenden Krisen und Konflikten. Setzen Sie sich mal an einem beliebigen Abend in eine Flughafenlounge, wo die Erfolgreicheren unter den

Management-Kämpfern sitzen. Es ist eine komfortable Umgebung mit weichen Sesseln, kühlen Getränken und warmen Speisen. Doch diejenigen, die so großen Wert auf das Privileg legen, diese Lounges benutzen zu dürfen, ignorieren den Komfort. Sie sitzen vor aufgeklappten Laptops und führen dringliche Telefongespräche, in denen sie die neuesten Frontlinien im Krieg um Profite und Positionen an ihre Stäbe weitergeben. Wer sich hier einfach zurücklehnt und eventuell sogar ein Buch liest, ist ein Fremdkörper. Diese Lounges sind wie die Ecken in einem Boxring; Sitzgelegenheiten für die Kämpfer. Die Privilegien sind damit begründet, dass die armen Manager so viel kämpfen müssen.

Der ständige Konflikt ist Ausdruck einer zunehmend aggressiven Umgebung. Man muss hart sein, sonst kann man nicht führen! Unter diesen Voraussetzungen schaffen es die Besten zwar auf der Wohl*stands*-Skala ganz nach oben; nicht aber auf der Wohl*seins*-Skala.

Das geschieht denen doch ganz recht, mag sich der eine oder die andere denken. Die wollen es doch so. Die wollen doch die dicken Gehälter und die Boni und die Macht. Das hat halt seinen Preis. Aber Vorsicht! Diese große und möglicherweise auch teilweise oder in einzelnen Fällen gerechtfertigte Häme gilt Menschen, die wesentliche Teile unseres Lebens und unserer Welt bestimmen und prägen. Sollten wir uns nicht wünschen, von Menschen geführt zu werden, die friedlich und ausgeglichen sind?! Und warum denken wir eigentlich bei dem Wort »Manager« immer gleich an die Vorstände großer Konzerne? Sehr viele Menschen in unserer Arbeitswelt leisten Führungsaufgaben – von der DAX-Konzernchefin bis zum Filialleiter der Drogeriemarktkette. Die meisten von ihnen arbeiten unter denselben Bedingungen – ob der jet-settende Top-Manager in der ersten Klasse oder der Vorarbeiter der Ein-Euro-Jobber mit der Schubkarre. Sie alle haben ein Anrecht darauf, glücklich zu sein. Und sie alle sind bessere Führungskräfte, wenn sie glücklich sind. Jedem, der mit anderen Menschen arbeitet, kann dieses Buch neue Einsichten bringen und neue Handlungsoptionen eröffnen.

Für die meisten Menschen in Führungspositionen ist die Abwehr von Konflikten Alltagsgeschäft. Viele Leistungsträger sind extrem starke Persönlichkeiten, die mit großer Umsicht, teilweise hoher sozialer Kompetenz und mit sehr hohem persönlichen Einsatz ihrer Verantwortung gerecht werden. Aber werden sie auch sich selbst gerecht?

Management ist eine Dienstleistung, die zwar gut bezahlt und hoch angesehen ist, aber eben doch eine Dienstleistung bleibt. Wir verbinden Führungspositionen oft mit Privilegien – große Dienstwagen, teure Auslandsreisen, gutes Essen und natürlich hohes Einkommen. Leadership ist jedoch kein Privileg der Führenden, es ist das Privileg der Geführten! Den meisten Managern ist das mit Blick auf ihre Mitarbeiter und auf ihre Kunden bewusst; nicht aber mit Blick auf sich selbst. Sie vernachlässigen es, sich auch selbst zu »managen«. Sie gefährden so das wichtigste Guthaben, das sie haben: ihre eigene Führungsfähigkeit. Eine verrückte Situation.

In diesem Buch zeigen wir einige neue und vielleicht ungewöhnliche Wege für Manager auf. Unser Ansatz eines »Selbstmanagements« für Führungskräfte sowie unsere Vorschläge und Angebote basieren auf der japanischen Kampfkunst des Aikido. Was können wir für den Alltag des Managements von einer Kampfkunst lernen, in der Konflikte gelöst werden, ohne dass es Verlierer gibt?

Die Kampfkunst Aikido ist eine besondere unter den verschiedenen Arten des Budo. Budo ist die asiatische Schule der Kampfkünste. Aikido ist eine der wenigen, bei denen es keinen Wettkampf gibt. Es kann keinen Wettkampf geben, denn Aikido besteht ausschließlich aus defensiven Techniken. Es dient der Abwehr von Angriffen – eine sehr effektive Abwehr, die den Angreifer in der Regel in einem hohen Bogen auf die

Matte befördert; oder in einen Haltegriff, der erst schmerzhaft wird, wenn man versucht, sich daraus zu lösen. Aber ein Angreifer wird im Aikido nie vernichtet. Er hört nur auf, Angreifer zu sein.

Dies ist also kein Buch für den Macho-Manager, der lediglich nach ein paar neuen asiatischen Kniffen à la Bruce Lee sucht, um den nächsten Konflikt siegreich zu beenden. Wir wollen die Philosophie einer Kampfkunst in die Welt des Managements überführen; einer Kampfkunst, die aus dem Japanischen frei übersetzt »der harmonische Weg« heißt: Ai – Ki – Do. Sie wurde erfunden, weil einem Japaner namens Morihei Ueshiba die Kriegsführung der japanischen Samurai zu brutal war. Die Samurai lebten nach dem »Bushido«, dem traditionellen Weg der japanischen Krieger. Wie unsere modernen Manager definierten sich die Samurai über den Konflikt und das Bemühen, daraus als Sieger hervorzugehen. Wie unsere modernen Manager konnten sie das auch ziemlich gut. Nur den Verlierern der Konflikte war das Ganze nicht sonderlich zuträglich. Auch das ist übrigens eine Parallele zu heute.

Wir machen immer wieder dieselbe Erfahrung – Philippe in seiner Aikido-Schule in Leipzig und bei seinen Lehrgängen in ganz Europa, in Japan, Neuseeland und Australien, Robert als Coach und Trainer für Führungskräfte: Es kommen immer wieder einzelne Kunden durch die Tür, die schnelle Lösungen wollen. Sie sind auf der Suche nach ein paar billigen Kniffen, um den Gegner möglichst flink und effektiv auszuschalten. Wir können diese Erwartung nicht erfüllen. Und doch sind wir sehr froh darüber, die meisten dieser Kunden nicht enttäuschen zu müssen. Sie bekommen mehr als einen »quick fix«, etwas Besseres als eine schnelle, brutale Lösung für den nächsten Konflikt. Sie finden einen harmonischen Weg.

Mit diesem Buch möchten wir diesen Weg einem breiteren Publikum öffnen. Wir wissen, dass Führungskräfte es eilig haben. Deshalb haben wir uns bemüht, einzelne Bereiche so abgeschlossen zu behandeln, dass Leserinnen und Leser aus jedem Kapitel eine einfache Botschaft mitnehmen können. Zudem erhalten sie Anregungen, wie sie beginnen können, den harmonischen Weg zu dem Ihren zu machen – etwa mit einfachen Übungen für den Management-Alltag. Sie können einfach ausprobieren, was für Sie funktioniert. Wenn dieses Buch Ihr Interesse geweckt hat und Sie sich zuerst einmal über Aikido informieren möchten, beginnen Sie auf der Internetseite www.fudoshin.de. Hier hat Philippe viele Informationen zusammengefasst. Es gibt Fotos und Videos und nützliche Links zu weiteren Informationen. Es muss also niemand den Weg des Budo gehen und aktiv eine Kampfkunst betreiben, um als Manager glücklich zu werden. Auch wenn wir uns natürlich über jeden neuen Aikidoka freuen. Wenn Sie jedoch die Lehren des Aikido-Prinzips in Ihren Management-Alltag tragen, werden Sie feststellen, dass Sie etwa Konfliktsituationen besser meistern und bewältigen können und dass es Ihnen einfach guttut; ein geldwerter Vorteil, der ausnahmsweise nicht steuerpflichtig ist.

Die Fallbeispiele, die in den einzelnen Kapiteln geschildert werden, stammen aus unserem Beratungsalltag. Sie dürften Ihnen nicht fremd sein. Wenn sich der eine oder andere wiedererkennt, dann liegt es nur daran, dass solche Situationen überall und immer wieder auftauchen. Die Beispiele – etwa die Geschichte des Sören Berlebach – entspringen der Realität des Management-Kampfes. Alle Namen, genaue Umstände und Zusammenhänge in den Fallbeispielen sind jedoch frei erfunden.

Erstes Buch
Die richtige Umgebung

Manager sind an allem schuld. Dieser Satz beschreibt nicht nur trefflich eine auf- und abebbende Strömung kollektiver Abneigung gegen »die Manager«. Er trifft auch zu, jedoch in einem anderen Sinne. Manager haben sich selbst, ihren Mitmenschen und ihrer Aufgabe gegenüber die Pflicht, sich *selbst* zu managen. Es ist nicht nur ihr Auftrag, die wirtschaftliche Welt zu erobern und zu verändern. Sie müssen auch ihre Umgebung so gestalten, dass sie selbst glückliche und erfolgreiche Menschen sein können. Dann können sie auch glückliche und erfolgreiche Manager sein.

1

Von der Zielgeraden in die Aufwärtsspirale

Wie Manager stärker und größer ans Ziel kommen

Der Fall des Sören Berlebach

Sören Berlebach würde sich selbst als alten Hasen bezeichnen. Er ist 45 Jahre alt, war mal Journalist und hat »die Seite gewechselt«. Er ist seit drei Jahren Kommunikationsdirektor eines großen Unternehmens; genau die Karriere, die er sich immer erträumt hat. Er ist ein freundlicher Mensch, höflich und rücksichtsvoll. Familienvater, Nichtraucher, Hobbykoch. Sören Berlebach ist sich ziemlich sicher, dass er im Leben alles schon einmal gesehen hat und dass die Welt nur wenige Überraschungen für ihn bereithält. Er ist ein absolut zuverlässiger Mann, einer, auf den man sich verlassen kann, wenn es hart auf hart kommt. Seine Mitarbeiter wissen das. Der räumt was weg. Dem brennt nichts an. Keine Extratouren, keine Extravaganzen, keine Extrovertiertheiten.

Sören Berlebach hat alles erreicht, was er in seinem Berufsleben erreichen wollte. Er ist in der Situation, Fremden an Hotelbars von seiner Arbeit erzählen zu können und ihnen ein anerkennendes »Wow, das ist ja interessant« zu entlocken – spätestens irgendwann zwischen dem vierten und dem achten Bier. Doch er hat herausgefunden, dass das wenig befriedigend ist; genauso wenig wie der Blick auf den neuen, größeren Dienstwagen, das immer geräumiger werdende Büro und die stetig wachsenden Gehaltszahlungen. Selbst die hübsche, junge Assistentin kann nicht darüber hinwegtrösten.

Sören empfindet schon seit einiger Zeit ein dumpfes Unwohlsein mit seiner Situation, seiner »beruflichen Situation«, würde er schnell und flüsternd erklären, wahrscheinlich mit einem Blick über die Schulter. Und er würde hinzufügen, dass er ansonsten natürlich sehr glücklich ist. Niemand spricht gerne von Schwierigkeiten. »Und es sind ja nicht wirklich Schwierigkeiten, es läuft eigentlich bombig...«, würde er sagen und dann käme wieder die Rede vom Dienstwagen und vom Gehalt, vielleicht auch von der Assistentin. Doch dieses Gespräch findet nicht statt. Kollegen, Freunde und sogar seine Ehefrau – sie alle wären erstaunt, was dieser harte, belastbare und erfolgreiche Kerl für eine verletzliche Seite hat. Und so ist Sören mit seinem dumpfen Gefühl allein, dass irgendetwas nicht stimmt.

»Chef, der Redakteur vom Abendblatt ist noch mal in der Leitung wegen der Geschichte mit dem ...«, weiter kommt Berlebachs Sekretärin nicht. »Stellen Sie ihn durch!« Berlebach glaubt an das Prinzip »action now«, und dass er die Probleme lösen muss, die auf seinem Schreibtisch landen – und zwar möglichst schnell. Er hält sich beinahe religiös an dieses Prinzip. Er erkennt Probleme, sucht Lösungswege und setzt sie mit Hilfe seiner Mitarbeiter um. Er ist ein guter Manager.

In seiner Freizeit ist er jedoch wie ausgewechselt. Wenn endlich Anzug und Krawatte abgelegt sind, pellt er sich in einen hautengen Fahrradoverall und steigt auf eines seiner Mountainbikes. Er hat mehrere, für jedes Terrain und Wetter. Das ist ein Privileg eines hohen Einkommens: die richtigen Spielzeuge. Und so begibt er sich an seinen Wochenenden auf die steilen Bergabfahrten des nächsten Mittelgebirges. Sein Sport ist riskant, das weiß Berlebach, und er genießt heimlich die erstaunten und bewundernden Blicke der Mitarbeiter und Kollegen, wenn er – in aller Bescheidenheit natürlich – von seinem Hobby erzählt. Vergangenen Herbst erst hat es einen Kollegen, einen Freund aus dem Branchenverband, erwischt. Der Mann ist jetzt Rollstuhlfahrer. Aber: No risk, no fun! Es ist einsam und gefährlich an der Spitze. Das weiß doch jeder.

Das Ende der Fahnenstange

Warum soll das so sein? Ist diese Binsenweisheit eine Zwangsläufigkeit, weil allgemein anerkannt und oft genug wiederholt? Oder ist sie das Resultat intensiver Beobachtung? Warum ist ein Mensch, der alles geschafft hat, so unzufrieden? Warum plagt ihn die Angst wie ein diffuser Schmerz? Warum sucht er sich beinahe selbstzerstörerische Herausforderungen?

Das Muster der kleinen und extremen Fluchten begegnet einem immer wieder: Da gibt es Top-Manager, für deren Sicherheit ihre Firmen richtig viel Geld ausgeben, und die Jungs gehen hin und fahren Autorennen, klettern Felswände hoch oder testen die physikalischen Grenzen von Fahrrädern. Welche Herausforderung suchen sie, die sie anders nicht finden können? Sie würden selbst als Erste betonen, wie anspruchsvoll ihre berufliche Aufgabe ist. Und doch scheinen sie irgendwie zumindest so gelangweilt, dass sie immer wieder für »richtig Abwechslung« sorgen müssen.

Gelangweilt zu sein trotz des eigenen Erfolgs – das klingt widersinnig. Langeweile ist jedoch ein häufiges Phänomen, besonders unter sehr erfolgreichen Managern. Es lässt sich mit der Struktur ihrer Motivation erklären. Diese Struktur haben sie nicht selbst erfunden. Sie ist Teil unserer Kultur und unserer Erziehung zum Erfolg. Philippe sagt: Das Problem ist die Art der linearen Motivation, die sich wie ein roten Faden durch unsere Berufs- und Arbeitswelt zieht; für viele auch durch die Geschichte ihrer persönlichen Entwicklung. Von klein auf bekommen wir beigebracht: Lern dies, dann kannst du das. Kannst du dies, dann wirst du das. Wirst du das, dann bist du das. Wir orientieren uns an einer linearen Motivationskette, aus der oft Frust entstehen kann. Gelangen wir nicht an unser Ziel, stellt sich ein schmerzhaftes Gefühl von Versagen ein. Erreichen wir unser Ziel, wissen wir oft nicht, wie es weitergehen soll. Irgendwann und vor allem nach stetigem Erfolg wird es immer schwieriger, sich selbst zu motivieren.

Robert hat diese Erfahrung gemacht. Mit 25 Jahren wurde er bereits Auslandskorrespondent eines ARD-Senders in Washington; eine Position, die ein Journalist gemeinhin erst in einer sehr viel späteren Lebensphase erreicht. Er fand so in ganz jungen Jahren seinen Traumjob. Besser konnte es nicht werden. Doch was anfangs ein beflügelnder Gedanke war und ihm ein Gefühl von professioneller Befriedigung und großem Stolz auf das Erreichte gab, wurde mit den Jahren zunehmend zum Problem: Wie sollte es weitergehen? Was konnte ihm sein Arbeitgeber noch bieten? Wie ließ sich die junge Karriere noch nach vorne bringen? Die Antwort war naheliegend und ging auch durch längeres Ignorieren nicht weg: Es gab von außen keine Lösung für dieses Problem. Er musste die Lösung bei sich selbst suchen. Er kehrte mit Mitte dreißig wieder nach Deutschland zurück und musste feststellen: Ich kann noch einmal befördert werden und muss noch mehr als drei Jahrzehnte arbeiten. Damit war schon rein mathematisch klar, dass das keine besonders steile Karrierekurve mehr werden würde. Es war an der Zeit für eine steile *Lern*kurve.

Vielen Führungskräften geht es ähnlich. Sie erreichen teilweise schon sehr früh in ihrem Leben hohe Positionen. Vorstände von DAX-Konzernen in ihren frühen vierziger Jahren sind heute keine Seltenheit mehr. Diese neue Generation von Managern bringt viel frischen Wind und neue Ideen in unsere Unternehmenslandschaft. Viele von ihnen kultivieren eine sehr offene Kommunikation – sowohl in ihren Firmen als auch nach außen. Sie befördern gezielt Frauen in Führungspositionen, wie zum Beispiel René Obermann, der Vorstandschef der

Deutschen Telekom. Sie bringen die Energie und die Weltoffenheit mit, in einem Unternehmen einen kompletten Kulturwechsel zu versuchen, wie Franz Josef Nick bei der Citibank Deutschland. Dort sollte aus einem US-geprägten, zahlengesteuerten Bankhaus die Targobank werden, der deutsche Ableger der französischen Genossenschaftsbank »Credit Mutuel«; ein dramatischer Veränderungsprozess.

Lineare Motivation – die isolierte Konzentration auf das Ziel

Aber selbst diese Manager stehen vor dem Problem: Was machen sie, wenn sie alles geschafft haben? Welche Ziele wollen sie sich morgen setzen? Wo wollen sie hin, wenn sie oben angekommen sind? Sie haben sich einer linearen Motivation untergeordnet. Wie ein Sprinter, der vom Start zum Ziel rennt, ohne den Weg zu sehen. Das kann zielführend sein und ist es oft auch. Aber es bleibt ganz viel dabei auf der Strecke – im schlimmsten Fall der Akteur selbst, mit all seinen Bedürfnissen, sozialen Verflechtungen und persönlichen Beziehungen, oft sogar mit seiner Gesundheit.

Das folgende Schaubild stellt vereinfacht dar, was geschieht. Da die meisten Management-Aufgaben primär Herausforderungen für den Verstand sind, richtet der Manager – erzogen zum optimalen und zielgerichteten Einsatz seiner Mittel – seinen Geist auf das Ziel aus. Körper und Seele, die er nicht als unmittelbar zielführend sieht, werden vernachlässigt.

Das Muster erscheint immer wieder: Manager sind beim Erreichen ihrer Ziele so effektiv, dass sie selbst dabei auf der Strecke bleiben. Sie ziehen selber den Kürzeren, weil sie sich zu einem Automaten reduzieren, der einfach brav und pflichtgetreu seine Aufgaben erfüllt, und oft genug die Aufgaben anderer gleich mit.

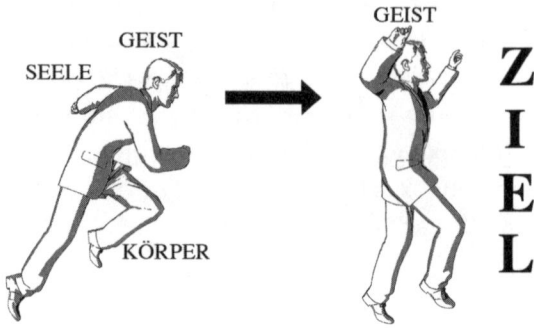

Es gibt eine ganze Phalanx von Firmengründern und Start-Uppern, die ihre Unternehmen mit beispielhafter Energie »aus dem Boden gestampft« haben. Sie sind Pioniere, die beinahe rund um die Uhr kämpfen, die andere mitreißen und begeistern und dabei Erstaunliches leisten und aufbauen. Und dann kommt die Ebene, und die Zug-Lokomotiven verlieren nicht nur an Dampf, sie kommen gar nicht mehr von der Stelle – schlimmer noch, sie wissen nicht mehr, wohin sie eigentlich wollen. Das Resultat ist in der Regel eine große Konfusion im Unternehmen. Die Mitarbeiter, bis vor kurzem noch an der klaren und starken Führung des Gründers ausgerichtet, verfallen ebenfalls in Orientierungslosigkeit. Das geht selten im Sinne des Unternehmens vonstatten.

Oft wird gesagt, Pioniere hätten einfach nicht das Talent, nachhaltige Strukturen aufzubauen. Zudem würden sich die Fähigkeit zum Aufbau und das Talent zum Erhalt des Erreichten als Tugenden widersprechen. Faktisch ist es jedoch nur ein weiterer Fall linearer Motivationsstrukturen: Der Aufbau des Unternehmens war das große Ziel des Gründers. Diesem hat er alles untergeordnet – auch sich selbst und seine persönlichen Bedürfnisse. Gesundheit, Vermögen, Freunde und Familie werden in solchen Fällen hintangestellt.

Ist der Aufbau gelungen, hat der Gründer sein Werk vollendet. Meistens hatte er jedoch keine Zeit, sich auf dieses einschneidende Erlebnis vorzubereiten, obwohl er natürlich all sein Streben darauf ausgerichtet hat. Er hat es versäumt, sich neue Ziele zu setzen, neue Pläne zu machen, neue Perspektiven zu entwickeln. Und so führt all seine Energie buchstäblich ins Leere. Schlimmer noch: Die Definition des eigenen »Ich« durch ein einziges Ziel führt zwangsläufig zu einem Identitätsverlust, wenn das Ziel erreicht ist. Dieser Verlust wird oft durch eine romantische Verklärung der Vergangenheit kompensiert. Da bleibt der alte Gründer immer der alte Gründer und klammert sich an die Erinnerungen; an den Stress von gestern, der so längst zur guten alten Zeit geworden ist. Die isolierte Konzentration auf ein Ziel birgt oft eine Tragik, wie sie größer nicht sein könnte: Der Erfolg wird dem Erfolgreichen zum Verhängnis. Diese Erfahrung löst bei vielen ein tiefes Gefühl der Frustration und auch des Verkannt-Seins aus. Allzu oft flüchten sich Manager in solchen Situationen in selbstzerstörerische Zerstreuungen, bis hin zu Alkohol, Drogen oder Untreue. Familienleben, Freundschaften und die eigene Gesundheit erkranken dann oft am Erfolg.

Die meisten Handlungsmuster im Management sind linear: Herausforderung – Anforderung – Lösung. Es ist eine Struktur, die wir sogar kultiviert haben. Wer diese Struktur verinnerlicht hat, wer »etwas wegschafft«, der gilt als »Macher« und ist am Ende ein gemachter Mann oder eine gemachte Frau. Aber wenn wir alle so viel schaffen, warum sind wir dann so geschafft? Wenn wir alles einfach erledigen, warum sind wir dann oft selbst so erledigt?

Viele Manager zerreißen sich buchstäblich: Sie leisten viel bei der Umsetzung ihrer Unternehmensziele. Und sie leisten es sich, sich selbst völlig zu vernachlässigen. Die widersinnige Kluft zwischen den eigenen menschlichen Bedürfnissen des Managers und dem angeblichen Bedarf des Marktes – sie müsste eigentlich tagtäglich für uns sichtbar sein. Sie müsste uns aufmerken lassen. Und sie müsste uns wachrütteln. Sie ist gefährlich.

Stattdessen sehen wir immer wieder verwundert zu – und manchmal ja auch mit einem gerüttelt Maß an Schadenfreude –, wie Top-Manager, die wir einst verehrten, irgendwann scheitern. Manager des Jahres werden zu Verlierern der Woche – von den Fachzeitschriften auf den Thron gesetzt, von der Boulevardpresse zerrissen: Jürgen Schrempp, der Daimler erneuerte, Chrysler kaufte und neue Wege ging, um dann in Schimpf und Schande davongejagt zu werden; Rolf Breuer, der bei der Deutschen Bank die Klientel in Kunden erster und zweiter Klasse unterteilte und nach einem dramatischen Gewinneinbruch schließlich selbst als zweitklassig in Erinnerung blieb; Wendelin Wiedeking, der Porsche-Chef, der sein Unternehmen zu Rekordergebnissen führte und zum Neidobjekt der gesamten Automobilbranche machte, und in einem gigantischen Fall von Übermut an der Übernahme Volkswagens scheiterte. Die Liste der Beispiele ließe sich beinahe beliebig verlängern. Wichtiger ist, was wir aus solchen Fällen lernen können.

Warum wird ein Top-Banker angezählt? Warum sinkt der Stern eines Daimler-Chefs? Warum verliert ein Porsche-Lenker die Bodenhaftung? Unsere These ist: Die meisten Manager verlieren nicht zuerst die Fäden ihres Unternehmens. Sie geben vielmehr die Fäden ihres eigenen Lebens aus der Hand. Sie haben Milliarden verwaltet, Imperien gesteuert und Zehntausende Mitarbeiter gemanagt. Sie haben jedoch ihren wichtigsten Mitarbeiter aufs Gröbste vernachlässigt: sich selbst. Dabei haben die selbst so systematisch an ihren Zielen Arbeitenden nie die bewusste Entscheidung getroffen, sich selbst hintanzustellen. Sie sind einfach einer trügerischen Dynamik zum Opfer gefallen, die ganze Arbeitsbiographien beherrscht.

Es ist eine alte und oft beobachtete Sinnestäuschung, berufliche Unabhängigkeit gebe es nur auf dem Gipfel der Karriere, an der Spitze des Unternehmens. Diejenigen, die es geschafft haben, Vorstandsvorsitzende, Geschäftsführer und Intendanten, quittieren diese Aussage meistens nur mit einem etwas gequälten Lächeln. Sie wissen, dass sich nur die Zwänge ändern, nicht aber die Abhängigkeit an sich. Man kann das auch positiv sagen: Egal wie hoch wir aufsteigen, wir sind immer mit anderen und deren Interessen verbunden. Niemand ist eine Insel. Eine einfache Regel, die oft vernachlässigt wird. Auch dieser Mechanismus ist jedoch Ausdruck der größtenteils linearen Ausrichtung von Karrieremotivationen. Der Zwang, etwas zu werden, verstellt den Blick für das Sein. Nicht nur angehende Top-Manager ignorieren oft ihre wichtigsten Bedürfnisse mit hoffnungsvollem Blick in eine Zukunft. Denn wie oft haben wir alle schon den Satz gehört »Wenn ich erst pensioniert bin...« – ein klassischer Fall von linearer Motivation.

Nicht nur Führungskräfte motivieren sich linear. Mit vergleichbaren Folgen für die Individuen und für das gemeinsame »Projekt Unternehmen« agieren ihre Mitarbeiter zwangsläufig genauso. Dieses Denken beinhaltet ein hohes Maß an Fremdbestimmung. Unternehmen reagieren auf Konkurrenten, neue Kundenwünsche oder Vorgaben des Gesetzgebers. Analog verlaufen Karriere- und Lebensplanungen: Sie werden an zu erreichenden Zielen ausgerichtet. Diese Struktur führt beinahe zwangsläufig zu Frust, Angst und persönlichem Leid. Zudem folgen daraus teilweise erhebliche Nachteile für das Unternehmen.

Aikido – Aufwärtsspirale statt linearer Motivation

Als Robert vor einigen Jahren zum ersten Mal Philippes Dojo, also die Kampfkunstschule, betrat und dort auf der Matte stand, wäre er am liebsten gleich wieder gegangen. Ich mache mich zum Affen, ging ihm durch den Kopf. Ich werde hier von fremden Leuten durch die Luft gewirbelt. Ich stelle mich an wie ein Anfänger. Ein gestandener Mann, Fernsehmoderator und Redenschreiber und Coach prominenter Wirtschaftsführer, flog wie ein Vollidiot durch die Gegend. Er wurde von zart ausschauenden jungen Damen und einigen beleibten Herren zu Fall gebracht – beinahe mühelos, mit wenig Bewegung und ohne jeglichen Krafteinsatz. Auf den ersten Blick ist das nicht gut fürs Ego. Die Erkenntnis, dass er zwar durch jahrelanges Judo mit den Kampfkünsten vertraut, aber im Aikido trotzdem ein Anfänger war, kam zu spät und war wenig tröstlich.

Es war eine seltsame emotionale Mischung, die ihn danach noch oft ereilt hat: Frust über nicht Erlerntes, nicht perfekt Beherrschtes, mangelnde Technik. Andererseits spürte er aber nach jedem Aikido-Training auch eine tiefe Zufriedenheit und ein körperliches Wohlbefinden, das beinahe süchtig machte. Was ist da geschehen? Sein bisheriger Modus Operandi war auf den harmonischen Weg des Aikido getroffen. Die Kollision zweier Welten: Die lineare Motivation wurde von einem System des harmonischen Wachstums abgelöst.

Er hatte sich anfangs fest vorgenommen, in Rekordzeit den schwarzen Gürtel zu absolvieren. In Rekordzeit hieß in seinem Fall ganz einfach vor dem Rentenalter und möglichst vor der ersten Hüftgelenkoperation. Es war ein dummes Vorhaben, das allen Grundlehren des Aikido zuwiderlief und zum Scheitern verurteilt war. Mit Hilfe der Aikido-Erfahrung gelang es Robert jedoch, diese lineare Motivationsstruktur zu durchbrechen.

Wie die Bewegungen selbst, so ist auch die persönliche Entwicklung eines Aikidoka eine kreisförmige Aufwärtsbewegung. Er kehrt immer wieder zu Techniken zurück, praktiziert sie dabei zunehmend auf einem höheren Niveau. Er findet seine seelische und körperliche Mitte und reift mit dem Gelernten zu einem stärkeren Aikidoka. So wird die Kreisbewegung zur Aufwärtsspirale.

Dieses Grundprinzip des Aikido lässt sich auf die Welt des Managements übertragen. Es kann dort die weitverbreitete lineare Motivationsstruktur ersetzen und so aus Managern erfolgreichere und gesundere Menschen machen. Das Schaubild dazu: Anstatt (wie oben gezeigt) nur den Geist linear auf das Ziel auszurichten, begeben sich Körper, Geist und Seele in eine Lernspirale, die aus dem Manager ganzheitlich eine bessere Führungskraft macht und ihn so seinem hochgesteckten Ziel näher bringt.

Die lineare, auf ein bestimmtes Ziel ausgerichtete Motivation wird also zu einem ganzheitlichen Prozess, der alle Aspekte der Person und ihres Umfeldes erfasst.

Im Aikido ist dieses Prinzip selbstverständlich. Aikidoka wissen nicht, mit welchem Angriff sie in der nächsten Sekunde konfrontiert sein werden. Versucht ein Angreifer, ihren Arm zu packen? Schlägt er mit einem Stock oder gar einem Schwert nach ihrem Kopf? Oder geht er mit dem Messer auf sie los? Die Herausforderungen auf der Matte lassen sich nicht vorherbestimmen. Ein präziser Schlachtplan wäre hier so sinnlos wie das Tragen von Rollschuhen. Was letztendlich den Erfolg des Aikidoka ausmacht, ist seine möglichst perfekte Beherrschung der Verteidigungstechniken, das richtige Timing und die schnelle und entschlossene Ausführung der Verteidigung.

Das Leben des Aikidoka ist geprägt von der fortwährenden Arbeit an der Perfektion seiner Technik, der Kontrolle seiner Lebensenergie »Ki« und dem richtigen Timing. Dabei macht das Wort »Perfektion« bereits klar: Es wird immer ein lebenslanges Streben nach etwas letztendlich Unerreichbarem sein. Selbst die größten Meister erreichen nie den Zustand der Perfektion. Sie sind jedoch die Besten auf ihrem Gebiet. Sie haben Erfolg.

Philippe sagt, Aikido lehrt uns, dass wir den Erfolg jeden Tag neu definieren müssen. Jeder Fortschritt verändert die Perspektive auf das nächste Ziel. Es wäre deshalb töricht, an einem zu Anfang einmal definierten Ziel unverändert festzuhalten. Das Ziel würde zur Besessenheit, zur fixen Idee, und der Versuch, es zu erreichen, zur Zwangshandlung. Manchmal müssen Ziele sogar rückwärts definiert werden. Morgen schaffe ich vielleicht weniger als heute, denn wir alle haben gute und schlechte Tage. Und an den schlechten Tagen will und wird nicht gelingen, was uns an guten Tagen leicht von der Hand geht.

Der Satz »Der Weg ist das Ziel« ist ziemlich abgedroschen und wird oft von Menschen missbraucht, die jegliche Orientierung verloren und das Herumirren zur Tugend erhoben haben. Trotzdem ist er zutreffend: Im Aikido gibt es zwar ein Ziel, nämlich die Erlangung der Meisterschaft des harmonischen Weges. Das ist jedoch kein absoluter Begriff. Unsere Schritte in Richtung dieses Zieles werden immer »nur« eine Annäherung sein. Mehr noch: Das Ziel ist nur erreichbar, wenn der Aikidoka mit seiner ganzen Person die Aikido-Prinzipien verinnerlicht. Er muss nach der besten technischen Ausführung streben. Er muss seine Energie, sein Ki, auf sein Ziel ausrichten. Und er muss seinen Körper beweglich machen und seinen Geist konzentrieren.

Der harmonische Weg des Kreises

Aikido entstand Anfang des 20. Jahrhunderts, als ein japanischer Krieger aus einer alten Samurai-Familie begann, einen neuen Weg zu suchen. Die traditionellen Kriegskünste waren Morihei Ueshiba zu brutal. Er suchte nach einer Art, Konflikte zu beenden, ohne seinen Gegnern nachhaltig zu schaden. Und weil man das Rad nicht neu erfinden muss, suchte sich Ueshiba, den Aikidoka heute respektvoll »O Sensei«, den großen Lehrer, nennen, die besten Aspekte aus allen alten Kampfkünsten zusammen. Es entstand eine völlig neue Art, Gegner im Nahkampf zu besiegen, ohne wirklich zu kämpfen, selbst wenn diese Gegner bewaffnet sind und der Angegriffene nicht.

Die physikalische Grundlage dieser Kampfkunst sind immer wieder Kreisbewegungen, mit denen die Angriffskraft des Gegners umgelenkt, der gegnerische Angriff ins Leere geführt und der Angreifer neutralisiert wird. Laien erscheinen die Bewegungen des Aikido oft ein wenig seltsam, eben weil sie so harmonisch sind. Sie sehen so gar nicht nach einem Kampf aus. Das scheint uns befremdlich, denn auch in unseren Bewegungen haben wir uns über die Jahre unserer linearen Denkweise angepasst. Wir bewegen uns in der Regel nach vorne auf ein Ziel zu. Das ist im Prinzip ja nicht falsch oder schlimm. Es führt jedoch bei unterschiedlichen Zielsetzungen zwangsläufig zu Kollisionen, in denen dann der Stärkere oder Rücksichtslosere gewinnt und der Verlierer aus der Bahn geworfen wird. Wir können die Konsequenzen überall in der Wirtschaft und ganz allgemein in unserer Gesellschaft beobachten. Es herrscht das Recht des Stärkeren. Die alte Regel, dass der Klügere nachgibt, scheint in Vergessenheit geraten zu sein. Wer nachgibt, ist ein Verlierer, suggeriert uns unsere Kultur. Die jahrhundertealte Lebensregel lautet aber nicht: Wer nachgibt, verliert. Das wird übersehen. Und die Klügeren haben es verlernt, nachzugeben.

In seinen Medientrainings veranschaulicht Robert oft mit einer einfachen Übung, die Philippe einmal beim Aikido-Training einführte, was das ganz konkret im Arbeitsalltag bedeuten kann – zum Beispiel, wie man erfolgreich ein Interview gibt. Für die Übung steht ein Teilnehmer innerhalb eines auf dem Boden markierten Quadrates von ungefähr einem Quadratmeter Größe. Er soll versuchen, dieses Terrain zu verteidigen. Die englische Sprache hat dafür einen eigenen Begriff, nämlich »standing your ground«, also das eigene rhetorische Terrain zu behaupten. Ein zweiter Teilnehmer bekommt die Aufgabe, den Ersten aus seinem Quadrat zu stoßen, und symbolisiert damit den Journalisten, der seine kritischen Fragen platziert. Selbst wenn der Angreifer eher schmächtig gebaut ist und der Verteidiger sich richtig dagegenstemmt – schon bald gelingt es dem Angreifer, ihn aus seinem Quadrat zu schieben.

Im zweiten Teil der Übung reicht der Verteidiger dem Angreifer die Hand. Wenn dieser nun versucht, ihn aus dem Quadrat zu schieben, lenkt er die Kraft einfach mit der Hand um sich und um sein Terrain herum. Aus dem linearen Angriff wird ein Kreis, der am Angriffsziel vorbeiführt. Der Angriff verläuft ins Leere. Ähnlich verhält es sich in jedem Interview. Der geschickte Interviewpartner verteidigt sich nicht gegen die Fragen. Das würde ihn in eine kaum durchzuhaltende Defensivhaltung bringen. Er lenkt stattdessen die Stoßrichtung der Frage um und gewinnt so die Position, seinen rhetorischen und inhaltlichen Boden zu verteidigen.

An diesem Punkt beginnt Aikido. Der Kreis wird zum Grundmuster für den Umgang mit Herausforderungen. Im tatsächlichen Kampf auf der Matte – und im übertragenen Sinne im alltäglichen Kampf des Managements. Nicht umsonst wird der Kreis schon seit Urzeiten als die harmonischste Form überhaupt angesehen. Rund ist weich. Ecken werden abgerundet. Und schon Archimedes schimpfte mit den römischen Soldaten, sie sollten seine Kreise nicht stören.

Was bedeutet das konkret für den Alltag eines Managers? Für ihn geht es ja um mehr als darum, in einem Quadrat stehen zu bleiben. Ist Geradlinigkeit nicht eine Tugend, die wir nur allzu oft vermissen?

Es geht bei diesem Ansatz des Aikido nicht darum, Geradlinigkeit oder Zielstrebigkeit zu verwerfen. Im Gegenteil. Das Hinbewegen auf ein Ziel soll jedoch den Manager als Ganzes ans Ziel bringen, nicht nur seinen Geist, der sich auf das Ziel konzentriert. Was nützt uns eine dienstliche Reise, wenn wir nur mit unserer sachlichen Agenda verreisen, all unsere sogenannten Soft Skills, wie unsere kulturelle Kompetenz oder unsere Fähigkeit zum Smalltalk, jedoch zu Hause lassen. Wir lernen doch gerade in unserer zunehmend digitalen, telekommunikativen Welt, wie wichtig es ist, den menschlichen Kontakt zu pflegen, die Begegnung mit dem ganzen Menschen. Das ist doch der einzig vernünftige Grund, überhaupt noch auf Dienstreisen zu gehen. Der rein sachliche Austausch von Informationen ließe sich mit Hilfe moderner Kommunikationstechnik auch ohne Reise bewerkstelligen. Ein Manager, der sich »ganz einbringen« will, muss gesund und komplett und gestärkt sein Ziel erreichen, dann hat er wirklich etwas bewegt. Körper, Seele und Geist müssen gemeinsam am Bestimmungsort ankommen. Wenn das gelingt, ist nicht nur einfach ein Reiseziel erreicht, sondern der Manager ist auch dem größeren Ziel, einem höheren Umsatz, der Markteinführung eines neuen Produktes oder der Eroberung von Marktanteilen, ein gutes Stück nähergekommen. Ein höheres Niveau ist erreicht. Aus dieser Position ist es sinnvoll und möglich, die nächsten Ziele noch höher zu stecken. Also: Körper, Geist und Seele des Managers machen sich gemeinsam auf die Reise ans Ziel.

Im übertragenen Sinne gilt das Prinzip auch für die interne Rolle des Managers im Unternehmen. Allzu oft scheitern ehrgeizige Projekte in Firmen an der internen Kommunikation. Da hat ein Führungsgremium unter Leitung des Managers ein Ziel identifiziert und für sich gesteckt. Die Mittel zur Erreichung dieses Zieles wurden festgelegt. Nun bekommen die Mitarbeiter die Aufgabe, diese Mittel einzusetzen und die entsprechenden Schritte zu vollziehen.

Den Mitarbeitern wird nur im günstigsten Fall genau mitgeteilt, was man von ihnen erwartet. Selbst mit dieser Information wird es kaum gelingen, dass sie das Ziel zu ihrem Ziel machen. Eine Aufwärtsspirale entsteht nur, wenn Mitarbeiter wirklich eingebunden werden – wenn gemeinsam Erfahrungen eingebracht und neue Erfahrungen gemacht werden, bis das Ziel erreicht ist. So wären alle gemeinsam auf einem Level, um die nächsten Herausforderungen ins Auge zu fassen.

Die Übung des Sensei

Die Umsetzung der beschriebenen Erkenntnisse ist selbst keine Sache von »Ziel erkannt, Ziel erreicht«. Um in den Modus einer Aufwärtsspirale, einer ganzheitlichen und gemeinsamen Erfahrungskurve zu kommen, muss der Manager anfangen, sich selbst zu managen.

Führen Sie sich mal eines Ihrer gegenwärtigen Ziele vor Augen sowie die Schritte, die Sie als notwendig identifiziert haben. Nehmen Sie einen Zettel und zeichnen Sie die beiden Stränge für Ihren Körper und Ihre Seele neben den Strang des Geistes, der für Ihre vernünftigen Handlungen steht. So erweitern Sie Ihre rein auf Vernunftsgründen basierende Motivation um die anderen grundlegenden Dimensionen Ihrer Persönlichkeit. Vielleicht fallen Ihnen auch noch andere Lebensbereiche ein, die Sie »mitnehmen« wollen?

Was brauchen Sie selbst für diesen Weg, um sich wohl zu fühlen? Wie können Sie sicherstellen, dass Sie emotional stark bleiben? Wie können Sie neue Konflikte vermeiden, die Ihr emotionales Wohlbefinden beeinträchtigen würden? Wie verhindern Sie aktiv, dass der Einsatz für das Ziel Ihre Beziehung belastet, weil Sie noch mehr Zeit im Büro verbringen? Werden Sie Schuldgefühle haben, weil Sie Ihre Kinder noch seltener sehen? Oder Ihren Hund? Wie verhindern Sie Jetlag? Und wie bleiben Sie physisch fit, auch wenn der Terminkalender keine Zeit zu lassen scheint? Diese Schritte geben Ihrer Zielstrebigkeit ganz neue Dimensionen. Beziehen Sie alle »Nebenwirkungen« Ihres Vorhabens in Ihre Überlegungen mit ein und versuchen Sie, diese neben dem Handlungsstrang der vernünftigen Schritte zu platzieren. Beschriften Sie diesen Zettel jede Woche neu. Er wird sich verändern. Sie werden feststellen, wie Sie in der Spirale stetig nach oben kommen. Dieses Buch wird Ihnen eine ganze Reihe Türen öffnen können, wenn Sie die einzelnen Themen unter genau diesem Blickwinkel betrachten: Wie lässt sich der neue Gedanke in eine Aufwärtsspirale umsetzen?

Aus Philippes speziell entwickeltem Trainingsprogramm »ShinKiTai«, was so viel wie »Körper, Seele und Geist« bedeutet, können Sie folgende Übung versuchen. Sie heißt auf Japanisch Furitama. Das bedeutet »die Seele schaukeln«.

Die Hände liegen dabei flach ineinander vor Ihrem Körperzentrum, ungefähr drei Fingerbreit unter Ihrem Bauchnabel. Nun wippen Sie die Hände auf und ab und konzentrieren sich auf diese Bewegung und auf Ihre Atmung. Nach fünf Minuten werden die Hände gewechselt, das heißt die andere Hand liegt oben. Anschließend rotieren Sie die Hände etwas unterhalb Schulterhöhe ganz nach vorne und in einem Halbkreis mit Ihrem Oberkörper. Nach zehn Rotationen werden oben liegende Hand und Rotationsrichtung gewechselt.

Diese Übung wirkt auf manch einen auf den ersten Blick ein wenig esoterisch. Aber ihre Wirkung ist verblüffend und ansteckend. Ein Top-Manager, den Robert seit Jahren betreut, verblüffte seine Assistentin, als er die Übung vor einer wichtigen Präsentation durchführte. Zugegeben ... Bahnsteig 4 des Bonner Hauptbahnhofes war dafür ein eher ungewöhnlicher

Ort. Aber es funktionierte. Die Übung hilft, sich auf seine gesamten Wünsche und Bedürfnisse zu besinnen. Und das ist wichtig, will man nicht ein Getriebener der eigenen linearen Motivation sein.

2

Management mit Hybrid-Antrieb

Wie Manager in der Krise gegengerichtete Kräfte nutzen

Sören Berlebach und der Gegenkomplott

»Stimmt das Gerücht?« – Der Kollege aus der Marketing-Abteilung lehnte sich verschwörerisch über die Pasta und brachte damit seine teure Krawatte in Gefahr. Gerüchte sind mehr wert als Krawatten. Wenn sie zutreffen zumindest. Gerüchte sind Teil der Informationskette. Manchmal stehen sie ganz am Anfang einer wichtigen Information, sozusagen als Geburtshelfer. Manchmal allerdings sind sie auch nur Sackgassen, die nirgendwo hinführen.

Das Gerücht war in diesem Fall ein wichtiges: Die Kommunikationsabteilung, so munkelte man, sollte der neuen Hauptabteilung Marketing unterstellt werden. Für Sören Berlebach würde das erst einmal eine formale Reduzierung seines Status bedeuten. Es wäre dann der Marketingchef, der zwischen ihm und dem Vorstand stehen würde. Bisher hatte Berlebach direkten Zugang. Ein bedrohliches Szenario – ... und ich werde den Teufel tun, ausgerechnet mit einem untergeordneten Marketing-Fuzzi darüber zu reden, ging es Berlebach durch den Kopf. »Ob etwas dran ist an diesem Gerücht?« Er lachte laut auf. »Du kennst den Laden doch: lauter Gerüchte ohne Grundlage. Und das macht auch keinen Sinn. Es wäre total kontraproduktiv. Kommunikation ist eine exakte Wissenschaft. Was sollen wir denn bei euch Marketing-Voodoo-Meistern!« Das Ganze mit einem entschuldigenden Grinsen, und schon weiß der Kollege vom Marketing, wo der Hammer hängt.

Es war eine spontane Reaktion: abstreiten und gleichzeitig zum Gegenangriff übergehen. Ein Automatismus. Damit war Berlebach eigentlich ganz zufrieden. Und doch fühlte er sich zutiefst beunruhigt. Der Rest seiner Mittagspause war wie ein Tinnitus: Das Geschwätz des Kollegen vermischte sich mit den Warnsignalen in Berlebachs Kopf zu einem ohrenbetäubenden Rauschen. Das Essen wurde zur Nahrungsaufnahme, das Gespräch zum Geräusch, die Pause zur Folter. Er musste hinter seinen Schreibtisch – dorthin, wo er hingehörte, wenn es brenzlig wurde. Das Gerücht war nämlich nicht nur zutiefst beunruhigend, es war ihm auch völlig neu, und das machte ihn wirklich nervös.

»Keine Anrufe, keine Besucher!«, rief er seiner Assistentin zu und schlug die Bürotür hinter sich zu. Er musste nachdenken. Wie ließ sich nun mehr herausfinden über diesen unsäglichen Plan, ihn die Karriereleiter hinunterzustoßen? Wer konnte mehr wissen?

Im Vorzimmer klingelte derweil das Telefon. Es war der Leiter der Marketingabteilung. Nein, Herr Berlebach sei im Moment nicht zu sprechen. Ist es wichtig? Kann er zurückrufen? Gerne, bis dann. Und tschüs. Da ging sie dahin, die Chance, wirklich etwas zu bewegen. Wenige Minuten später entschied Berlebach, sich gleich an den Marketingleiter zu wenden. Egal, wie diese Sache ausging, das wäre der beste Weg. Der Marketingchef war inzwischen auch bestens informiert durch seinen Mitarbeiter, den Berlebach in der Kantine getroffen hatte – so, so, ... Marketing ist also Voodoo!

Nein, der Herr Marketingchef war nicht zu sprechen. Heute nicht mehr, nein. Ob er vielleicht morgen zurückrufen könne?

Wenn er nicht mit mir reden will, sagte sich Berlebach, dann eben nicht. Er setzte sich an seinen Rechner und verfasste eine

E-Mail. Er schlug dem Vorstand die Änderung des Status der Kommunikationsabteilung zur Stabsstelle des Vorstandes vor. In sauberen Schritten erläuterte er die Vorzüge einer solchen Neuregelung für den Vorstand und die Synergie-Effekte mit anderen Stabsstellen.

Krisenbewältigung als Aggregatzustand des Managers

Wie würde diese fiktive Geschichte wohl im richtigen Leben ausgehen? Es gibt Tausende von Präzedenzfällen, die wenigsten davon erfreulich. Immer wieder stürzen sich Manager in die aktive Krisen-Abwehr und holen sofort zum Gegenschlag aus. Sie erkennen eine Gefahr und stellen sich ihr entgegen. Und dann kommt es zum ganz gewöhnlichen Kräftemessen mit ungewissem Ausgang. Der Stärkere gewinnt. Oder der Listigere. Oder der Rücksichtslosere.

In vielen Unternehmen – und auch in der Politik – hat sich so längst eine Kultur der andauernden Krisenbewältigung entwickelt. Sie verschlingt Unmengen Ressourcen, Energie und Personal. Und sie führt zu nichts – abgesehen vom trügerischen Gefühl des einzelnen Managers, er habe stets sein Bestes getan. Wenn das so ist, könnte dies das Problem sein. Meistens jedoch hat er oder sie einfach das Falsche getan. Erinnern Sie sich an die Übung, in der einzelne Trainingsteilnehmer innerhalb eines kleinen Feldes ihr »Terrain behaupten« sollten? Dies ist eine ganz ähnliche Situation. Die Teilnehmer stehen in ihrem Bereich, und es droht ein massiver Angriff von außen. Instinktiv lehnen sie sich dagegen. Von diesem Punkt an haben sie jegliche Kontrolle abgegeben, sie werden fremdbestimmt. Lediglich die Kraft und Gewalt des Angreifers entscheiden über ihr Schicksal. Die Chancen, unangetastet oder zumindest unbeschädigt stehenzubleiben, sind gering. Rechnet man nun noch mit ein, dass der Angreifer das Überraschungsmoment auf seiner Seite hat und eventuell auch über Waffen verfügt, von denen der Verteidiger nichts weiß, dann ist klar: Die Karten sind schlecht gemischt für den Angegriffenen.

Diese Gefahr ist den meisten Managern zumindest unbewusst klar. Die Krisenkultur in den Unternehmen verwandelt sich deshalb zunehmend in eine Kultur der »Präventionskrisen«. Krisen werden provoziert und vorweggenommen, in der Hoffnung, dass der Angreifer damit einen taktischen Vorteil erzielt. Krisen sind oft das, was man im Englischen »selfulfilling prophecies« nennt; Vorhersagen also, die sich selbst bewahrheiten. Die Krise wird herbeigeredet. Und wenn sie dann kommt, dann stemmt man sich mit ganzer Kraft dagegen. Es gibt Strukturen in manchen Unternehmen, die einen großen Teil ihrer Energie auf dieses Spiel verwenden.

Nehmen wir den fiktiven, aber realistischen Fall unseres Sören Berlebach. Er weiß noch gar nicht, ob das ihm zugetragene Gerücht tatsächlich auf einer realistischen Grundlage basiert. Wahrscheinlicher ist, dass es nur ein Testballon war, eine Provokation: entweder um zu sehen, wie er auf einen solchen Plan reagieren würde, oder um Berlebach zu unüberlegten Handlungen zu treiben.

Berlebach kann darauf defensiv reagieren, indem er versucht, den vermeintlichen Angriff abzuwehren. Sein Problem ist jedoch: Er weiß zwar von der Attacke auf seinen Status und den seiner Abteilung. Er weiß jedoch nicht, ob die Information zutreffend ist und, wenn ja, wie dieser Angriff tatsächlich operativ vonstattengehen soll. Seine zweite Möglichkeit ist die, die er in unserer fiktiven Geschichte instinktiv ergriffen hat. Er startet einen Gegenangriff, mit dem er der angeblich geplanten Umstrukturierung zuvorkommen und diese so verhindern will.

Den meisten Managern dürften diese Bewegungsmuster

aus ihrem Alltag bekannt sein. Die Kultur der Krisenbewältigung und Krisenverhinderung hat in den Unternehmen teilweise seltsame Blüten getrieben. In öffentlichen Einrichtungen wie Ministerien oder Rundfunkanstalten kommt die proportionale Besetzung von Führungspositionen noch erschwerend hinzu. Mit den verschiedenen Partei- oder Gesinnungszugehörigkeiten sind immer auch die internen Fronten schon festgelegt, an denen die großen und kleinen Scharmützel des täglichen Management-Krieges ausgetragen werden.

»Wir haben hier eine Krise.« Dieser Satz sollte eine ganz seltene Ausnahme sein. Und doch ist er in den Stabsstellen und Abteilungsleitungen mancher Unternehmen beinahe täglich zu hören. Diese Manager tragen den Ausnahmezustand wie die Monstranz bei einer Fronleichnamsprozession vor sich her. Die Krise ist zur ultimativen Selbstrechtfertigung geworden. Wer die Krise bewältigt, gilt als guter Manager. Diejenigen, deren Aufgabe es sein sollte, Zukunft zu gestalten, beschäftigen sich beinahe ausschließlich damit, unliebsame Zukunftsoptionen zu verhindern. Schlimmer noch: Sie schmücken sich auch noch damit. Moderne Führungskräfte sind Aktionsmenschen, und so wird das auch erwartet. Jede Krise sorgt für Aktionen und Reaktionen. Und so kann sich eine Führungskraft durch die ständige Reaktion auf Krisen als »Macher« profilieren.

In unserem Bild von der Aikido-Übung stehen alle diese großen Macher in ihren quadratischen Kästchen und stemmen sich mit aller Stärke gegen jede verändernde Kraft, die da auf sie einstürmt oder bloß einstürmen könnte. Sie werden zu Gefangenen ihres eigenen Terrains – Sklaven ihres eigenen Aktionismus. Neben der Hoffnungslosigkeit ihrer Situation sehen sie sich mit einer stetig wachsenden Sammlung großer und kleiner Blessuren konfrontiert, denn nicht jeder Angriff bleibt ohne Folgen an Leib und Seele.

Was macht diese ständige Defensivhaltung mit einem Manager? Vor allem macht sie ihn als Manager ineffektiv, weil er seiner eigentlichen Rolle, Zukunft zu gestalten, nicht mehr gerecht werden kann. Er wird eine Menge Energie einfach verschwenden. Sie macht ihn zum Kontroll-Freak, weil er glaubt, nur durch Kontrolle seiner Mitarbeiter und Kollegen sicherzustellen, dass er alle möglichen Krisen und Angriffe rechtzeitig verhindern kann. Ineffizienz darf aber für eine Führungskraft nicht Teil des normalen Modus Operandi sein.

Genauso tragisch und weitreichend sind die Auswirkungen für den Manager selbst. Die Defensivhaltung als Grundeinstellung macht ihn unfrei, weil sein Handeln durch Einflüsse von außen bestimmt wird. Sie macht ihn paranoid, weil er ständig mit neuen Angriffen und einer neuen Krise rechnen muss. Und letztendlich macht sie ihn krank, bis hin zum vielzitierten Burnout, denn niemand hält einen tatsächlichen oder wahrgenommenen Dauerbeschuss lange aus, ohne Schaden zu nehmen.

Defensive Manager werden zu Gefangenen ständig wechselnder Bedrohungsszenarien. Diese Kultur des »Krisen-Abarbeitens« zu verlassen, kann zu einer beruflichen und persönlichen Befreiung werden.

Wie Krisen zu Herausforderungen werden

Kehren wir noch einmal zurück zu der Übung, in der es darum geht, sein Terrain zu behaupten. Zwei Dinge sind dabei wichtig, ehe es überhaupt richtig losgeht: Erstens zwingt nicht jeder Angriff oder jede wahrgenommene Bedrohung Sie tatsächlich dazu, Ihr Terrain zu behaupten. Zweitens muss Ihr Terrain ein offener Raum bleiben, keine Weide mit einem Zaun. Sie sind doch kein Schaf! Das Terrain, das Sie für sich beanspruchen, verändert sich laufend. Andernfalls werden Sie selbst dort zum Gefangenen.

Die Aikido-Übung veranschaulicht sehr klar, wann es an der Zeit ist, tatsächlich einen Angriff abzuwehren. Das ist erst dann der Fall, wenn jemand versucht, in Ihren Bereich einzudringen – wenn Sie den Angreifer sehen, seine Absichten kennen oder beobachten können, welche ersten Schritte er unternimmt. Im physischen Sinne der Übung hieße das: wenn er auf Armlänge herankommt. Vorher können und müssen Sie nichts tun. Das klingt profan, ist aber übertragen auf den Berufsalltag sehr wichtig. Nur wenn Sie prinzipiell erst dann handeln, wenn Sie wissen, worauf Sie eigentlich reagieren, können Sie effektiv handeln. Nur dann haben Sie eine Chance, zum Akteur zu werden.

Das widerspricht dem Instinkt: In zahlreichen Unternehmenskulturen handeln Manager und Angestellte präventiv. Auch Sören Berlebach agiert nach dem Motto »Angriff ist die beste Verteidigung«. Aber ist das wirklich so? Das stimmt doch nur, wenn der Angreifer einen vernichtenden Sieg davontragen würde. Falls der Angegriffene sich mit einem Gegenangriff wehrt, droht eine Eskalation, die auf allen Seiten zumindest für Verluste sorgen wird. Das kann in niemandes Interesse sein, denn Management heißt nicht Krieg führen. Und doch geschieht es immer wieder. Manager, die sich in permanenten Präventionskriegen mit tatsächlichen oder vermeintlichen Widersachern befinden, werden ihrer Verantwortung als Manager nicht gerecht. Sie schaden ihrem Unternehmen. Sie schaden zudem ihren Mitarbeitern, indem sie diese in ihre Scharmützel beinahe zwangsläufig mit hineinziehen.

Manager sollten eine positive Zukunft gestalten, nicht eine vermutete negative Zukunft verhindern. Sie brauchen ihre Energie für konstruktive Dinge. Ein defensiver Manager ist wie ein Auto mit perfekter Bremsanlage, jedoch ohne Antrieb. Es wird stillstehen und vor sich hin rosten.

Strecken Sie Ihrem Gegner die Hand hin

Die Aikido-Übung zeigt, wie es gelingt, die Energie des Angreifers nicht nur an Ihnen vorbeizulenken, sondern für Sie selbst zu nutzen. Der erste Schritt, einen Angriff umzuleiten, statt sich ihm nur entgegenzustemmen, ist, Kontakt mit dem Gegner aufzunehmen. Strecken Sie Ihre Hand aus!

Zum einen ist diese Hand Ihre Waffe. Mit Hilfe der Hand als Kontaktpunkt können Sie die Angriffskräfte des Gegners umlenken. Zudem machen Sie den Angreifer damit zum Partner. Er bekommt ein Gesicht, er fühlt sich an, sie tauschen sich aus. Nur wenn sowohl verbale als auch nonverbale Kommunikation stattfindet, lassen sich Krisen aus dem Weg räumen, ohne dass sie Schaden anrichten können. Im günstigsten Fall finden so gemeinsame Lernprozesse statt. Manchmal entstehen so auch neue Allianzen.

Wenn Aikido-Schüler üben, beginnt beinahe jede Übung mit dem Ausstrecken eines Armes, womit der Angegriffene dem Angreifer einen Angriffspunkt anbietet. Das klingt für den Laien leichtfertig, aber so bestimmt der Angegriffene, der beim Aikido »Nage« heißt, den Angriffspunkt. Und der wird zum Ausgangspunkt seiner Verteidigung.

Das faktische und sprichwörtliche Handausstrecken überbrückt im richtigen Leben die Distanz der Anonymität. Ihr Gegenüber spürt Ihren kräftigen Händedruck, kann sich aber sicher sein, dass diese Hand ihm nicht schaden wird. Er ist seinerseits gezwungen, sich mit Ihnen auseinanderzusetzen. Und Sie spüren, in welche Richtung ein Angreifer drängt.

Dieses Kontaktaufnehmen verhindert Missverständnisse und Aggressionen, die in der Anonymität entstehen – so wie Menschen im Auto oft in derartige Rage verfallen und sich aufführen, wie sie es niemals täten, stünden sie dem anderen Verkehrsteilnehmer Auge in Auge gegenüber. Ähnliche Mechanismen gibt es im E-Mail-Verkehr. Annahmen treten in der Anonymität an die Stelle von Fakten. Menschen, die vielleicht nur einen harmlosen Fehler gemacht haben, werden zu Gegnern. Gegner werden zu riesigen Monstern. Da wir dem Feind nicht in die Augen schauen müssen, neigen wir dazu, zu allzu zerstörerischen Waffen zu greifen. Diese unpersönliche und damit verzerrte Perspektive auf unsere Umwelt verleitet uns sehr leicht dazu, auf Krisen zu reagieren, die es gar nicht gibt. Der US-amerikanische Thriller-Autor Tom Clancy hat das einmal in einem seiner Dialoge auf den Punkt gebracht: »Assumptions are the mother of all fuckups!«, also: Annahmen sind die Mutter aller ... sagen wir: Krisen?!

Diese falschen Annahmen lassen sich vermeiden, wenn Sie wie ein Aikidoka auf den Kontakt warten, bevor Sie sich verteidigen. Das physische und sprichwörtliche Handausstrecken hat noch einen anderen Nebeneffekt: Es gibt die Chance zur Versöhnung und zum ehrenhaften Rückzug. Was ist, wenn Sie Ihren Gegner falsch eingeschätzt haben, wenn er in Wirklichkeit Ihr Verbündeter ist? Oder wenn er es zumindest werden könnte ...? Wie schade wäre es, die Chance zu vertun, indem man von vornherein in eine Abwehrhaltung geht!

Die Parallelen zwischen der physischen Aikido-Übung und den alltäglichen Krisenfällen im Management sind verblüffend. Was wäre geschehen, hätte Sören Berlebach die Hand des Marketingleiters ergriffen? Er hätte mehr erfahren als ein Gerücht, nämlich Fakten. Er hätte sich auf Augenhöhe mit dem Mann begeben. Er wäre zum Akteur geworden.

Das Beschriebene zeigt: Führungskräfte müssen gegen ihren intuitiven Irrtum ankämpfen. Sie sind Aktionsmenschen, und im Zweifelsfall werden sie handeln. Sie sollten jedoch sinnvoll agieren – also nicht Handeln um des Handelns willen und um jeden Preis. Beides sieht nur aus wie Führung, ist aber mehr Ausdruck unserer Ängste als tatsächliche Manifestation der Führungsrolle. Wie machen also glückliche und erfolgreiche Manager aus der Krise eine Herausforderung?

Kämpfen Sie nicht gegen die Windmühlen

Wir kennen alle die Geschichte des tapferen Don Quichote, des spanischen Ritters, der gegen die Windmühlen ankämpfte. Wir lächeln darüber. Die Parallele zu unserer Geschäftswelt wird jedoch oft übersehen. In großen Konzernen ist die Produktion von viel Wind und heißer Luft kein unbekanntes Phänomen. Übertroffen wird diese Kultur gelegentlich in öffentlichen Einrichtungen wie Ministerien oder Verbänden. In diesem Umfeld erscheint der Kampf gegen Windmühlen manchmal als eine naheliegende Sache, die – wie für den guten Don Quichote – beinahe zwingend notwendig ist. Dabei verlieren die modernen Ritter oftmals den Blick für tatsächliche Bedrohungen und Krisen.

Würden Sie es als Krise bezeichnen, wenn plötzlich drei sehr sportliche, sehr kräftige junge Herren in Judoanzügen, japanischen Hakama-Röcken und schwarzen Gürteln in der eindeutigen Absicht eines physischen Angriffs auf Sie einstürmten? Zugegeben, das ist nichts, was innerhalb normaler Unternehmenskulturen allzu häufig passiert. Ein solcher entschlossener Angriff dürfte jedoch eindeutig als Krise betrachtet werden. Im Aikido heißt das »Jiyu-Waza«. Dabei wird ein Aikido-Meister – niemals ein Schüler – gleich von mehreren erfahrenen Kämpfern angegriffen und muss diese Angriffe abwehren.

Im Aikido steht die Beschäftigung mit tatsächlichen Angriffen eindeutig im Vordergrund. Wie seltsam sähe es aus, wollte der Meister sich gegen das Gerücht eines Angriffes zur Wehr setzen. Es wird nicht getänzelt, wie beim Boxen, oder gar weggelaufen. Der Meister wartet vielmehr mit unglaublicher Gelassenheit ab. Erst wenn der Angriff da ist, reagiert er.

Nutzen Sie die Energie des Angreifers

Philippe sagt: Die Dynamik der Abwehr beim Aikido wird in erster Linie durch die Dynamik des Angriffs bestimmt. Deshalb haben wir dieses Kapitel auch »Management mit Hybrid-Antrieb« genannt. Das Prinzip lässt sich mit den umweltfreundlichen Hybrid-Motoren vergleichen. Diese Hightech-Antriebe nutzen gegenläufige Energie, die etwa beim Bremsen entsteht. Mit Hilfe dieser Energie erzeugen sie Strom, mit dem das Fahrzeug angetrieben wird. Der Hybrid-Antrieb ist ein sehr schönes Bild für unser Prinzip des Aikido für Manager: Es ist eine völlig neue Art des Antriebs – für Autos wie für Manager. Es ist modern. Es ist prinzipiell einfach. Es ist umwelt- bzw. menschenfreundlich. Es kann zu einer völlig neuen Kultur führen.

Es gibt im Aikido einen bestimmten Wurf, bei dem die Angriffsenergie auf spektakuläre Art und Weise genutzt wird. Er heißt »Irimi-Nage«, also übersetzt »Innenwurf«. Der heranstürmende Gegner wird dabei mit einem Griff an den Schultern oder am Nacken aus seiner Angriffsrichtung in eine Kreisbewegung weitergeschleudert. Der Verteidiger kommt ihm zudem mit einer Drehung der Hüfte plötzlich entgegen und bringt ihn mit einem einfach ausgestreckten Arm zum Fallen. Ein Musterbeispiel. Die Dynamik geht vom Angreifer aus. Wir helfen ihm sogar noch, beschleunigen ihn, nur um ihn dann mit einem einfachen Hindernis auszuschalten.

Das Schöne an dieser Verteidigung ist: Der Verteidiger bleibt, wo er ist. Er verwandelt die Angriffsenergie in eine Kreisbewegung um seine eigene Achse, der er dann nur mit einem Schritt entgegentritt. Er hat also sein Terrain behauptet und nicht verlassen. Der Ablauf ist denkbar einfach: erkennen, ergreifen, erledigen! Der Verteidiger erkennt den heranstürmenden Angreifer. Er packt ihn und leitet seine Angriffsenergie um sich herum. Dann tritt er ihm mit einem einfachen

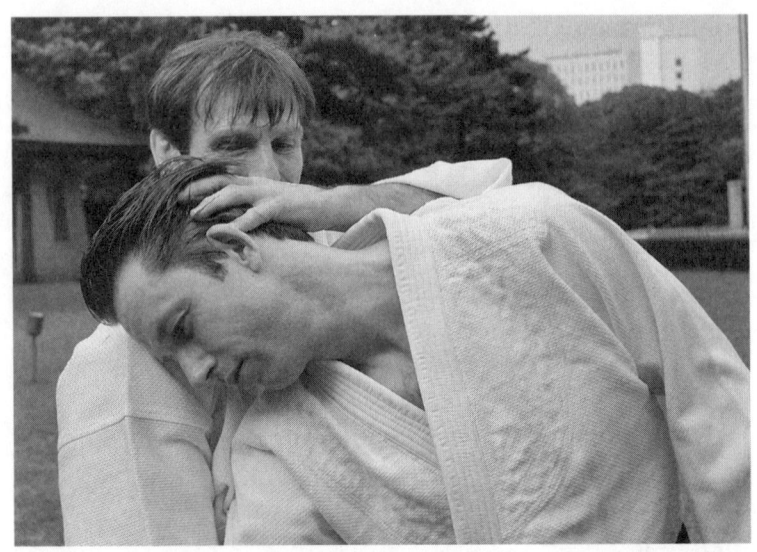

Schritt entgegen und bringt ihn so dazu, die Balance zu verlieren. Schließlich legt er den Angreifer ab und kontrolliert ihn.

Übertragen Sie dieses Bild einmal auf die Welt des Managements. Auch in dieser lässt sich die Abwehr einer Krise oder eines Angriffes in ihre Phasen zerlegen: Sie erkennen die Stoßrichtung Ihres Angreifers. Sie nehmen dessen Energie auf und lenken sie um sich und Ihre Interessen herum. Sie lassen ihn »auflaufen«. Schließlich machen Sie ihn unschädlich (unschädlich in dem Sinn, dass er keinen Schaden mehr anrichten kann – nicht wie im Westernfilm).

Von der Krise zum Angriff – »a small step for man, a big step for mankind!«

Nun werden viele von Ihnen einwenden, das sei ja alles gut und schön, aber doch eher schön als gut. In der wirklichen Welt des Managements mit ihren aufeinanderfolgenden Krisen bleibe dieser säuberliche und präzise Umgang mit Angriffen auf die eigenen Interessen doch eher ein idealistischer Wunschtraum. Die Antwort ist: ja und nein. Natürlich sind viele Krisen im modernen Geschäftsleben außerordentlich komplex und schwierig zu meistern. Aber die gute Nachricht ist das Ja. Ja, die Krisenbewältigungskultur lässt sich durchbrechen, wenn Sie das wollen.

Die meisten Manager reagieren auf Krisen wie Feldherren. Sie verschaffen sich einen Überblick und zeichnen sich ein strategisches Gesamtbild. Der Blick für entscheidende Details geht dabei oft verloren. Es wird die Frage vergessen, *wer* da eigentlich *was* angreift und mit *welchem Ziel*. Werden Sie wirklich angegriffen, beziehungsweise Ihre Interessen? Geht der Angriff von jemandem aus, der eigentlich kein Gegner ist – handelt es sich vielleicht um ein Missverständnis? Berührt das Ziel des Angriffs Ihre Interessen wirklich negativ? Die Antworten – sortiert nach absteigender statistischer Wahrscheinlichkeit – sind: Der Angriff gilt vielleicht gar nicht

Ihnen, die Krise ist nicht Ihre Krise. Oder die Krise ist nicht wirklich bedrohlich. Die Krise kann auch dank veränderter Umstände wie ein Tornado abdrehen, bevor sie Ihren Interessenbereich erreicht. Oder sie lässt sich auf einen einzelnen Angriff reduzieren, der mit Konzentration und dosiertem Einsatz abgewehrt werden kann. Erst ganz am Ende dieser Liste steht der unwahrscheinlichste Fall: Die Krise hat bedrohliche Ausmaße und kann Sie da treffen, wo es weh tut. Sie werden wahrscheinlich nicht ohne Blessuren daraus hervorgehen.

Hand aufs Managerherz: Wie oft ist dieser letzte Fall in Ihrer Berufslaufbahn bisher eingetreten? Krisen sind keine Normalität, deshalb heißen sie Krisen. Im Übrigen steigert es Ihren Status als Manager nicht, laufend Krisen zu bewältigen. Es sollte vielmehr Managerehre sein, Krisen, Konflikte und Angriffe von außen zu vermeiden und sie nur dann zu meistern, wenn sie sich absolut nicht vermeiden lassen.

Wolfgang Hofmann, Roberts erster Judolehrer, vielfacher Europameister und Olympiazweiter bei den Spielen 1962 in Tokio, sah sich in zahlreichen Interviews immer wieder gezwungen, auf die Frage zu antworten, ob er sich schon einmal mit Judo verteidigen musste. Er antwortete sinngemäß immer dasselbe: »Ich muss mich nicht verteidigen, weil ich weiß, dass ich es kann.« Ob bei einem nächtlichen Spaziergang durch New York oder Köln oder in der unternehmerischen Auseinandersetzung mit einem Konkurrenten – das Selbstbewusstsein eines Kampfkunstmeisters bleibt potentiellen Wegelagerern nicht verborgen. Diese suchen nämlich ein Opfer, keinen Kampf.

Übertragen Sie diese schlichte Weisheit doch mal auf die Managementwelt. Wen würden Sie als Schwachstelle im Netzwerk Ihrer Konkurrenten identifizieren: den krisengebeutelten Manager, der von Ausnahmezustand zu Ausnahmezustand hechelt, oder jenen, der offenbar unbelangt durch den Arbeitsalltag geht und nur gelegentlich, dafür aber sehr entschlossen und präzise auf einen Angriff reagiert? Krisen sind auch in dieser Hinsicht »selffulfilling prophecies«: Wer sich mit Krisen umgibt, markiert sich allzu leicht als Opfer. Das ist schon mal ein sehr guter Grund, diese Kultur der Krisenbewältigung zu verlassen. Es gibt noch weitere Gründe und vor allem einen: Krisen sind Zeitfresser und Energieverschlinger.

Immer wieder fragen uns Manager nach Methoden und Möglichkeiten, ihre Zeit besser einzuteilen. Zeitmanagement heißt das Zauberwort. Wie spricht man es aus, das mysteriöse »Mutabor«, das dem Tag noch ein paar virtuelle Stunden hinzufügt? Die Antwort ist einfach: Zeit lässt sich nicht managen. Sie erweist sich immer wieder als widerspenstig und autark. Zeitmanagement ist wie der Versuch, Zeit zu sparen, indem man die Uhr anhält. Der Manager muss sich selbst managen. Da die Zeit, je schneller wir laufen, desto schneller vorbeigeht, müssen wir verlangsamen. Wir müssen am Detail arbeiten, statt am großen strategischen Bild. Das Prinzip der Arbeitsteilung ist schließlich nicht aufgehoben, sondern ganz im Gegenteil in unserer modernen Arbeitswelt auf die Spitze getrieben. Unsere einzige Rettung ist daher nicht der strategische Überblick, sondern die Konzentration auf das Wesentliche. Mit der Zeit, die in unseren Unternehmen auf nicht-existente Krisen und deren Abwehr verwendet wird, könnte sich wahrscheinlich jedes Jahr ein ganzes Automobilwerk in den Jahresurlaub verabschieden.

Stress und Krisen sind keine notwendigen Bestandteile erfolgreichen Arbeitens. Sie sind keine Orden oder Ehrenzeichen, mit denen man sich behängen muss, um der Anerkennung anderer sicher zu sein. Wenn sie zur Dauererscheinung und zum permanenten beruflichen Wegbegleiter werden, sind sie vielmehr Ausdruck eines mangelhaften Selbstmanagements. Das ist weder im individuellen Interesse des Managers noch im Interesse seiner Firma, und dies gilt für unsere gesamte Unternehmenskultur.

Löst sich der Manager jedoch von der Krisenkultur, wird er ein glücklicherer, gesünderer und erfolgreicherer Manager sein. Dies führt dazu, dass auch seine Mitarbeiter glücklicher, gesünder und erfolgreicher sind, was sich auf das gesamte Unternehmen und sein Umfeld positiv auswirkt.

Die Überwindung der Krisenkultur ist eine Kultur der kleinen und präzisen Schritte. Jeder dieser kleinen Schritte ist jedoch ein großer Schritt für den Manager, seine Mitarbeiter und sein Unternehmen.

Die Übung des Sensei

Zwei Faktoren wirken als Katalysatoren einer Krisenbewältigungskultur: unzureichende Informationen über die Sachlage und daraus folgende Fehlannahmen sowie übereilte oder gar präventive Reaktionen. Diese beiden Faktoren gilt es auszuschalten. Beobachten Sie einmal Kollegen und deren physische Reaktionen, wenn sie mit einem Konflikt konfrontiert werden: Sie zeigen fast immer Fluchtreaktionen. Sie vermeiden den menschlichen Kontakt, um vor dem Konflikt zu fliehen oder auf ihn loszugehen. Sie verzichten auf wichtige Informationen und reagieren übereilt.

Denken Sie bitte noch mal zurück an das Handausstrecken. Nutzen Sie den physischen Kontakt als Brücke, um auch inhaltlich wirklich Tuchfühlung herzustellen. Wer mit einem Konflikt im Gepäck in Ihre Welt eindringt und den Konflikt bei Ihnen abladen will, der muss sich erklären. Setzen Sie sich gemeinsam hin und besprechen Sie die drohende Krise im Detail. Scheuen Sie sich nicht zu fragen: »Was geht mich das an?« Wer diese Frage nicht eindeutig beantworten kann, sollte seine Krise woanders abladen.

Also: Gehen Sie immer physisch auf den Überbringer einer Krise zu. Nehmen Sie physischen Kontakt (z. B. indem Sie ihm die Hand geben oder Ihre Hand auf seinen Ellbogen legen etc.) und Blickkontakt auf. Reagieren Sie *nie* sofort! (Egal, wie dringend das erscheint!)

Sie können das in Gedanken durchspielen. Das ist Ihre Übung. Setzen Sie sich an einen ungestörten Ort – wenn Sie können, in Meditationshaltung, sonst einfach nur bequem, aber aufrecht. Denken Sie an Ihre letzte »Krise«. Wie erfuhren Sie davon? Wie haben Sie reagiert? Gehen Sie in Gedanken die Szenerie durch, die oben in der kleinen Liste beschrieben ist. Stellen Sie sich vor, wie die Krise weiter verlaufen wäre. Spielen Sie das Szenario mit unterschiedlichen Krisen aus Ihrer Vergangenheit durch. So werden Sie sich konditionieren für den Umgang mit der nächsten Krise, die des Weges kommt.

Atmen Sie die Krise weg

Es gibt eine alte Weisheit, die ihren Ausdruck in einer ebenso alten Redensart findet: Tief durchatmen! Das ist mehr als ein antiquierter Spruch. Tiefes Atmen reduziert die Pulsfrequenz, versorgt das Gehirn mit mehr Sauerstoff und es wirkt beruhigend.

Üben Sie es, tief ein- und auszuatmen. Das klingt manch einem vielleicht etwas zu albern. Schließlich atmen wir doch Tag und Nacht seit Jahrzehnten mit nachweisbarem Erfolg. Im Alltagsbetrieb des Otto-Normal-Atmers wird jedoch bei jedem Atemzug nur durchschnittlich ein Drittel des Lungenvolumens ausgetauscht. Das heißt, wir nutzen nicht das komplette Energiereservoir unserer Atmung. Das können Sie durch Atemübungen nachhaltig ändern.

Wann immer Sie etwas oder jemand auf die Palme bringt oder am besten schon kurz davor, nehmen Sie sich eine Minute einfach mal Zeit, tief durchzuatmen. Sie werden sehen: Es hilft. Atmen Sie tief durch die Nase ein und durch den Mund wieder aus. Ganz einfach, ohne Schnörkel.

Kampfkunstmeister wie Philippe haben diese Kunst perfektioniert. Sie bewegen sich im Rhythmus ihrer Atmung: Einatmen = Energie des Gegners aufnehmen. Ausatmen = Energie des Gegners umlenken. Ähnlich agieren Tennisprofis, die beim Ausholen einatmen und mit dem Schlag kräftig und oft auch sehr hörbar ausatmen. Ihre Seufzer mögen irritierend wirken und man sollte sie vielleicht im Management-Alltag in dieser ausgeprägten Form auch vermeiden. Sie finden so jedoch einen harmonischen Spielrhythmus, der zum Erfolg führt. In den Kampfkünsten besteht die hohe Schule oft darin, schon an der Atmung des Gegners zu erkennen, was er wann vorhat.

3

Angst – entlassen Sie Ihren schlechtesten Ratgeber

Wie Manager Vertrauen lernen können

Der Fall des Sören Berlebach

Es war nur ein einziger kleiner Satz des Vorstands gewesen. Eine jener Bemerkungen, wie man sie auf Aufzugfahrten macht. Halb albern, halb verlegen, Worte ausgesprochen, um die leere Luft zu füllen. Im Normalfall hätte die Bemerkung noch nicht einmal genug Dringlichkeit gehabt, um eine Augenbraue anzuheben oder den Kopf zu schütteln. Doch Berlebach war schon seit Tagen angespannt. Seine Mail, in der er die Erhebung der Kommunikationsabteilung zur Stabsstelle vorgeschlagen hatte, war offenbar ungelesen im Papierkorb des angeblich papierfreien Vorstandsbüros gelandet. Null Reaktion, nichts. Für mehrere Tage hatte Berlebach gebangt, ob die Mail ihren Adressaten erreicht habe. Jetzt wünschte er sich, sie hätte ihn nicht erreicht. Hatte der Vorstand die Nachricht mit einem verständnislosen Kopfschütteln einfach gelöscht? Hatte er – nicht auszudenken! – vielleicht sogar den Marketingchef angerufen und gefragt, was er von dieser Idee halte? In Sören Berlebachs Kopf jagte ein Worst-Case-Szenario das nächste. Sie wurden immer schlimmer.

In dieses dissonante Grundrauschen seiner Gefühle war der eine kurze Satz gedrungen, mit tödlicher Schärfe und Präzision. »Tja, mein Lieber, man sollte sich vor Wünschen hüten, die in

Erfüllung gehen!« Der Begleiter des Vorstands – ein Mann, den Berlebach nicht kannte – hatte ein dämliches Grinsen gegrinst. Berlebach kam es wie die pure Häme vor. Man sollte sich vor Wünschen hüten, die in Erfüllung gehen! Was sollte das bedeuten? Konnte sein verschlagener Gegenangriff gegen die Übernahmeversuche der Marketingabteilung dermaßen zum Eigentor werden? Und wenn ja, wie?

Der Gedanke an diese kurze Begegnung ließ Berlebach den ganzen Tag über keine Ruhe. Er grübelte. Er schnauzte Mitarbeiter im Büro an und seine Ehefrau am Telefon. Er begann 27 verschiedene E-Mails zu schreiben, die er alle wieder löschte, bevor sie abgeschickt werden konnten. Der Tag hatte das Zeug zum Herzinfarktmacher. Berlebach atmete flach. Er schwitzte. Er fühlte sich unbehaglich in seiner Haut und in seinen Kleidern. Und er machte kleine, ärgerliche Fehler, die seinen Frust nur noch vergrößerten. Er rief zum Beispiel einen wichtigen Kunden versehentlich an, weil er sich in seinem elektronischen Telefonregister um eine Zeile vertan hatte. Berlebach konnte gerade noch einen belanglosen Grund für seinen Anruf erfinden. Der wichtige Kunde wunderte sich kurz darüber, war aber gesprächig und erzählte Berlebach die nächsten 42 Minuten lang von seiner neuen Freundin und dem gemeinsamen Urlaub. Berlebach erfuhr Dinge, die er lieber nicht erfahren hätte. Zudem hätte er beinahe den nächsten Termin verpasst. Er schaffte es gerade noch, völlig unvorbereitet ins nächste Meeting zu stolpern. Das war alles schlimm genug. Eigentlich konnte der Tag nicht schlimmer werden. Bis ihn ein Kollege am Ende des Meetings beiseite nahm.

»Weißt du schon von Drümmer?«

Drümmer war Berlebachs Stellvertreter. Was sollte mit Drümmer sein?

»Er wird neuer Marketingchef!«

»Marketing ...«

»... Chef, ja!«

Berlebach erinnerte sich etwas zu spät daran, seinen Mund zu schließen. Erst ein Übernahmeversuch der Marketingfuzzis und nun Drümmer an der Spitze der Parade? Konnte das sein? Hatte Drümmer ihn hintergangen?

Wie in Trance ging Berlebach in sein Büro zurück. Das Komplott gegen ihn nahm immer größere Ausmaße an. Aber wer hatte es geschmiedet? Und zu welchem Zweck?

Höhenangst ist auch nur Angst

Wir wollen den guten Sören Berlebach hier einmal seinem grausamen Schicksal überlassen. Er verfängt sich immer mehr in einem Netz aus Angstvorstellungen. Er wird so lange in professioneller Bewegungslosigkeit ausharren, bis die Angst nachlässt. Oder er wird wild um sich schlagen, um sich aus ihren Fängen zu befreien. Beides kann tausenderlei Formen annehmen. Und keine von ihnen ist nett anzusehen.

Angst besiegt mehr Menschen als alles andere, hat einmal der US-amerikanische Philosoph Ralph Waldo Emerson gesagt. Angst verschlingt jedes Jahr Hunderte von Millionen Euro an Produktivität in unseren Unternehmen. Menschen versagen aus Angst. Sie machen Fehler aus Angst und sie vertuschen diese Fehler aus Angst. Sie haben Angst vor dem Verlust des Arbeitsplatzes und geben diese Angst ungefiltert an ihre Mitarbeiter weiter. Talentierte Mitarbeiter gehen zur Konkurrenz aus Angst vor der Kündigung. Oder sie werden arbeitsunfähig aus Angst. Wenn Manager Angst bekommen, ist zumindest eine Sorge gerechtfertigt: die um ihre Mitarbeiter und ihren Verantwortungsbereich.

Fragen Sie mal in Ihrer Umgebung, was die meisten Menschen für das Gegenteil von Angst halten, und eine Mehrheit wird Ihnen wahrscheinlich sagen: keine Angst haben, also: die Freiheit von Angst. Diese ist in der amerikanischen Verfassung sogar als Grundrecht verankert, vielleicht aus gutem Grund. Eine Verfassung ist jedoch dazu da, das Verhältnis des Einzelnen zur Gesellschaft und umgekehrt zu klären. Das ist eine Ebene, die uns als Manager im Alltag nicht weiterhilft. Viel spannender ist da die eigene mentale Verfassung. In welcher Verfassung müssen Manager sein, um frei von Angst agieren zu können? Da hilft kein Rechtsanspruch.

Die instinktive Reaktion der meisten Manager auf Angst ist: weiter nach oben. Nur wer ganz oben sitzt, dem kann keiner mehr gefährlich werden. Das ist die Illusion, die Tausende motiviert, unermüdlich für den Aufstieg zu arbeiten. Dass es eine Illusion ist, stellt sich erst am Ziel heraus, wie bei einer Fata Morgana. Und so – wenn ihnen der Karriereweg nach oben gelingt – tauschen ängstliche Manager die Angst unterzugehen gegen Höhenangst. Das ist ein schlechter Tausch. In unserem Kapitel zur Bodenhaftung gehen wir näher darauf ein, welche Risiken das birgt.

Angstfreiheit als Wettbewerbsvorteil

Wenn die Flucht nach oben also nicht die Lösung ist, wie können Manager dann den Weg zu einem angstfreien Leben und Arbeiten finden? Wieder suchen wir hier eine Möglichkeit, uns selbst zu verändern. Wir müssen die Angst durch etwas Konstruktives ersetzen, wenn wir sie von ihren angestammten Plätzen in unseren Herzen und unseren Motivationen vertreiben wollen. Die Angst sitzt an drei Orten: dort, wo wir unmittelbar auf eine Bedrohung reagieren müssen; dort, wo wir eine Bedrohung erahnen, aber nicht identifizieren können; und dort, wo wir versuchen, andere durch Angst zu manipulieren.

Angst ist wie Unkraut – sie muss mitsamt der Wurzel entfernt werden

Beginnen wir mit der ersten Angst, der vor einer konkreten Bedrohung. Meistens ist es eine Mischung aus Flucht und Aggression, mit der wir im Alltag und auch im Managementalltag auf Angstsituationen reagieren. Wir bedrohen und ziehen uns gleichzeitig zurück. Es ist die klassische Aktion des »Über-die-Schulter-Brüllens«. So zog sich auch Sören Berlebach aus Angst, man könnte ihn kaltstellen, ins stille Kämmerlein zurück und startete seinen Gegenangriff sozusagen per Fernbedienung, nämlich per E-Mail.

Dieser Umgang mit Angstsituationen ist nicht nur kontraproduktiv. Er ist auch beschämend. Der Manager hat sich der Angst nicht gestellt, und das weiß er. Er weiß auch, dass andere das wissen und dass dies seine Autorität und den Respekt der Kollegen und Mitarbeiter unterhöhlt. Das ist ein weiterer Angstfaktor, und es ist der Beginn einer Kettenreaktion verschiedener einander auslösender Ängste.

Aikido – ziehen Sie das Schwert gegen die Angst

In der japanischen Schwertkunst »Aiki-Ken«, die ein Teil des Aikido ist, ist das Durchbrechen der Angst buchstäblich verkörpert. Potentiell tödliche und mit dem hölzernen Übungsschwert immer noch sehr gefährliche Schläge auf den Kopf des Angegriffenen werden im Aiki-Ken nicht einfach abgeblockt. Es wird ihnen mit einer offenen und dennoch geschützten Bewegung entgegengegangen. Das Ausweichen findet in Richtung des Gegners statt und unterscheidet sich nur knapp von dessen Schlagrichtung. Das macht den Gegenangriff umso effektiver.

Überträgt der Manager die Lehren des Schwertkampfes auf seinen alltäglichen Umgang mit der Angst vor konkreten Bedrohungen, wird er dem Angriff entgegentreten und sich nur so weit wie nötig aus der Gefahrenzone begeben. Er behält die Angst sozusagen im Auge. Er bringt sich selbst in eine stabile Position und nutzt die Dynamik des Angriffs für seine Gegenwehr. Die Bedrohung wird ausgeschaltet, die Angst verliert ihre Grundlage.

Das mag nun ziemlich selbstverständlich aussehen, und das ist ja auch das Schöne daran. Es erfordert jedoch Selbstdisziplin und Übung. Der Aikidoka weicht nicht zurück, er weicht nur aus, gerade genug, um die Energie des Angreifers für sich zu nutzen.

Das ist der Umgang mit der einfachsten Variante der eigenen Angst: Wir kennen ihren Grund und können ihn ausräumen und so die Quelle der Angst versiegen lassen.

Die Angst vor dem Fall

Sehr viel komplexer und leider auch häufiger ist die Angst vor etwas Ungewissem, einer subjektiv wahrgenommenen Bedrohung, die jedoch keinerlei konkrete Gestalt hat. Auch in diesem Kontext greift wieder Tom Clancys Diktum von der Annahme als Mutter aller Fuckups! (»Assumption is the mother of all fuckups!«) Wir müssten diese weise Einsicht mit Blick auf die Angst erweitern: Angst ist die Mutter aller falschen Annahmen.

Manager sind Aktionsmenschen, und sie neigen immer dazu, zu agieren, wenn sie sich bedroht fühlen. Was aber geschieht, wenn die Bedrohung nicht präzise identifiziert ist? Es versteht sich eigentlich von selbst, dass bei Aktionen gegen ungewisse Bedrohungen der Kollateralschaden in der Regel ziemlich hoch ist und der Erfolg ungewiss. Wer im Dunkeln auf ein Geräusch schießen will, muss schon mit Schrot schießen. Er trifft dann mehr als sein Ziel – wenn er es überhaupt trifft. Deshalb sind angstgetriebene Führungskräfte – in der Wirtschaft wie in der Politik – auch so mordsgefährlich.

Das Bild mit der Dunkelheit könnte hilfreich sein. Es ist ein altes und oft beschriebenes Phänomen, dass der Ängstliche in der Dunkelheit Lärm macht. Der Pfeifende im dunklen Wald. Jeder, der einmal eine Gruppe Jugendlicher auf einer Nachtwanderung begleitet hat, weiß das. Es wird gefeixt, was das Zeug hält. Und die größten Schreihälse sind beim leisesten »Buh« vor Schrecken auf und davon.

Was im dunklen Wald gilt, gilt auch in hellerleuchteten Konferenzräumen und Büros. In Unternehmen, die von der Epidemie der Angst befallen sind, ist es ganz ähnlich. Es gibt eine Art Grundrauschen, das sich bei genauem Hinhören als das laute Pfeifen im Wald der Ängstlichen entpuppt. Es gibt eine Schule von Unternehmensberatern, die sich mit diesem »Storytelling« beschäftigen. Worüber reden Mitarbeiter, welche Gerüchte gehen um und welche Geschichten werden kolportiert? Daraus lassen sich oft Ängste und Befürchtungen der Belegschaft ablesen.

Die Erkenntnisse über die Ängste der Mitarbeiter nützen dem Management jedoch wenig, wenn die Manager selbst Angst haben, vielleicht sogar vor den eigenen Mitarbeitern. Diese Manager werden immer wieder eine Kultur der Angst prägen und erneuern – frei nach dem Motto: Nur dass ich paranoid bin, heißt ja noch nicht, dass niemand hinter mir her ist.

Bernd Klosterfelde beschäftigt sich seit Jahren mit diesem Phänomen. Der ehemalige Verlagsleiter gibt heute als Coach seine Erfahrungen im Führen großer und kleiner Teams an jüngere Manager weiter. Bei dieser Arbeit ist ihm folgender klassischer Fall begegnet.

Andreas ist IT-Spezialist. Er ist 35 Jahre alt – in dieser Branche also durchaus ein »alter Hase«. Er arbeitet als Juniorberater in einer Software-Agentur. Glücklich war er da aber nicht immer. Er fühlte sich bei der Verteilung der Beratungsaufträge benachteiligt. Es waren bestenfalls Hilfsarbeiten, mit denen man ihn betraute. Das empfand er schon deshalb als ungerecht, weil er sich doch in einem sehr speziellen Bereich tief eingearbeitet hatte und dort über ein großes Know-how verfügte. Andreas fühlte sich isoliert. Er vermutete, dass seine Kollegen sich schon über ihn lustig machten. Und er hatte Angst, seinen Job zu verlieren.

Zum Glück suchte er bei Bernd Klosterfelde Hilfe. Bernd beschäftigte sich eingehend mit seiner Situation. Was die beiden dann nach und nach herausarbeiten konnten, zeichnete ein völlig anderes Bild, als es Andreas selbst gesehen hatte. Andreas hatte sich selber ausgegrenzt. Seine eigene Angst hatte ihn in die Ecke gedrängt.

Er verfügte sehr wohl über das notwendige Fachwissen und die Kreativität zum Erarbeiten von intelligenten Lösungen. Andreas hatte jedoch das Wissen um diese Fähigkeiten verschwiegen und sich selbst nie um anspruchsvolle Tätigkeiten beworben. Er traute sich nicht zu, sie zu bewältigen. Also glaubte er, dass auch seine Kollegen und Vorgesetzten ihm nichts zutrauten.

Das Tragische war: Er gab ihnen insgeheim recht! Er hielt sich selber nur für »ein kleines Licht«. Seine Furcht, Fehler zu machen, lähmte ihn. Er litt unter einer diffusen Versagensangst, weil er selbst sich nicht zutraute, was die anderen ihm nicht anvertrauen wollten. Er fühlte sich unsichtbar, weil er sich selbst unsichtbar gemacht hatte.

Unter Bernds Anleitung grub sich Andreas langsam, aber sicher aus seiner eigenen Angst heraus: Durch eine Weiterbildung konnte er seine Ressourcen gezielt erweitern. Sein Kommunikationsverhalten verbesserten sie durch gemeinsame Übungen. Andreas verstand, dass er seine Ängste nur überwinden konnte, wenn er sich im Vertrauen auf seine neuerworbenen Fähigkeiten den Herausforderungen stellte. Er bewarb sich um schwierigere Aufgaben und bewältigte diese schließlich erfolgreich. Sein Selbstbewusstsein stieg deutlich. Heute ist Andreas ein vollwertiges und respektiertes Mitglied seines Beratungsteams.

Die Geschichte von Andreas ist kein Einzelfall. Sie zeigt, wie die Angst vor dem Fall oft den sicheren Stand und erst recht jegliche Bewegung verhindert. Manche reagieren darauf wie Andreas. Andere geben die Angst einfach weiter an ihre Mitarbeiter. Das ist die dritte der oben beschriebenen Varianten der Angst in Unternehmen. Dort, wo wir versuchen, andere durch Angst zu manipulieren, wird die Angst zur Unternehmenskultur, oft mit verheerenden Ergebnissen. Anhand dieser Angst wird erschreckend deutlich, wie wichtig glückliche und angstfreie Manager für den Erfolg ihres Unternehmens und ihrer Mitarbeiter sind.

Aikido – die Fallschule fürs Leben

Philippe sagt, die Grundlage aller ungelösten Konflikte ist die Angst vor dem Fallen. Unser Geist unterscheidet nicht zwischen der Angst vor dem physischen Fall und der Angst vor dem beruflichen, materiellen oder sozialen Fall. Es ist dieselbe Angst, und sie löst dieselben Reaktionen aus.

Ob Aikido oder Judo oder welche andere Kampfkunst es auch sein mag: Fast immer ist die sogenannte Fallschule die Grundlage, die es für den Anfänger zu erlernen gilt. Für die meisten Anfänger ist das eine Überraschung, und doch ist es naheliegend. Aikido ist zwar eine rein defensive Kunst, aber es geht eben um die Abwehr von Angriffen. Also werden zwangsläufig Angreifer abgewehrt. Im Dojo, der Aikido-Übungshalle, heißt der Angreifer »Uke«, nach dem japanischen Begriff. Jeder, der beim Üben als Uke fungiert – das geschieht im Wechsel der Übungspartner –, kommt zwangsläufig zu Fall. Sprich: Das Fallen ist ein wesentlicher Teil dieser Kunst. Nur wer richtig fallen kann, wird ein Meister dieser Kunst. Denn nur wer fallen kann, kann auch wieder aufstehen.

Das kann ziemlich frustrierend sein. Da kommt der Neuling voller Optimismus auf die Matte, in der Erwartung, gleich die ersten Tricks und Kniffe zu erlernen, wie man andere buchstäblich aufs Kreuz legt, und was passiert? Er findet sich wie ein Kind wieder, das seinen ersten Purzelbaum lernt, nur nicht so gelenkig.

Die beschriebene Situation ist mit den ersten Tagen in einem neuen Job vergleichbar. Selbst erfahrene Profis müssen dann alles erfragen – profane Dinge wie den Weg zur Toilette, wo sich das Betriebsrestaurant befindet, oder wer für die Ausgabe von Büromaterial zuständig ist. Schon in diesen wenigen Tagen zeigt sich in der Regel, wie ängstlich der neue Kollege ist. Schleicht er umher in der Hoffnung, dass sich das Gesuchte zufällig einfindet? Oder nutzt er den Zwang zur

Frage, um seine neuen Kollegen und Mitarbeiter kennenzulernen? Mit anderen Worten: Verbiegt er sich, um irgendwie die Balance zu halten, oder ist er bereit, einen Fehler zu machen, also zu »fallen«?

Erster Schritt für jeden Anfänger – auf der Matte und im Büro – ist die Einsicht, dass das Fallen dazugehört. Wer richtig fällt, kann auch richtig wieder aufstehen. Die frühere Bundestagspräsidentin Rita Süssmuth hat es einmal so beschrieben: »Erfolg ist einmal mehr aufstehen, als man hingefallen ist« – ein wegweisender Satz, denn er nennt sowohl das Fallen als auch das Aufstehen als Teil des Erfolges.

Also schauen wir da hin, wo das Fallen zur Kunst erhoben wurde. Ziel der Fallschule in den Kampfkünsten ist es, nicht ziellos zu fallen. Der Aikidoka übt das Fallen Hunderte, Tausende Male – so lange, bis es zu einer natürlichen Bewegung geworden ist. Wenn es dann ernst wird auf der Matte, wenn ihn jemand wirft, dann fällt er, wie er immer fällt. Er sperrt sich nicht gegen den Fall, sondern gibt ihm an dem Punkt, an dem er das Gleichgewicht verliert, nach.

Anschließend rollt er diagonal über den Rücken und nutzt so seine Schulter-, Rücken- und Hüftmuskulatur als natürlichen »Airbag« gegen Verletzungen. Er schlägt mit den Händen flach auf die Matte, genau in dem Moment, bevor er mit dem Körper aufkommt. Das dämpft den Aufprall. Und er rollt möglichst ab, um schnell wieder in einen sicheren Stand zu kommen.

Fallen und Hinfallen sind nicht dasselbe

Es ist wichtig, klarzustellen, dass das berufliche Fallen wesentliche Elemente des physischen Fallens beinhaltet: Es folgt der Schwerkraft und führt abwärts. Es führt in irgendeiner Form zu einem niedrigeren Status und es tut weh, wenn man auf dem Boden aufschlägt.

Hinzu kommt: Derjenige, der Angst beim Fallen hat, wird sich wahrscheinlich verletzen. Er wird dann wahrscheinlich größere Schwierigkeiten haben, wieder aufzustehen. Derjenige jedoch, der den Fall kommen sah und sich ihm nicht versperrt hat, wird schon bald wieder unverletzt für neue Herausforderungen bereitstehen.

Wer dynamisch fällt, bewegt sich auch vorwärts

Der Fall ist nicht nur eine Abwärtsbewegung. Er ist vielmehr auch eine Bewegung vorwärts, auf eine neue Position. Veränderung. Er ist also ein ganz natürlicher Teil unseres (beruflichen) Lebens.

Klaus Landshofer war Manager des wichtigsten Key-Accounts seines Konzerns. Er hatte ein paar Tausend Mitarbeiter und ging in seiner Aufgabe mit großer Begeisterung auf.

Es war innerhalb des Unternehmens klar, dass er für noch größere Aufgaben bestimmt war. Er bereitete sich systematisch darauf vor. So lernte Robert ihn kennen. In tagelangen Trainingssessions erarbeitete sich Landshofer vor allem hervorragende Kommunikationsfähigkeiten. Er setzte Anregungen und Informationen blitzschnell um – wie ein Spitzensportler im Höhentrainingslager für Olympia. Schließlich wollte er auf einen der Karriere-Medaillenplätze.

Doch dann kam alles anders. Es kam ein neuer Vorstandschef, und wie die meisten neuen Regimes räumte er zuerst einmal mit allem auf, was die Zeit vor ihm geprägt hatte. Es war für das Gesamtunternehmen eine eher schwierige Zeit gewesen. All jene, die diese Epoche mitgestaltet hatten, hatten nun den Hut des Verlierers auf. Dazu gehörte auch Landshofer. Er wurde »geparkt«, irgendwo auf einem Karriere-Abstellgleis. Das war sicherlich kein schweres soziales Schicksal. Es war jedoch im beruflichen Sinne ein harter und tiefer Fall. Der Überflieger war »hingeflogen«. Man kann sich das missgünstige und hämische Geschnatter der Kollegen gut vorstellen.

Doch Klaus Landshofer ist ein Aikidoka im unternehmerischen Sinne. Er nahm den Fall hin, rollte sich ab, stellte sich neu auf und bereitete sich vor, neue Herausforderungen anzunehmen. Heute ist er einer der absoluten Hoffnungsträger in seinem Konzern. Er managt einen von wenigen Zukunftsbereichen des Unternehmens und führt mehrere Tausend Mitarbeiter. Da er die Zeit »auf dem Abstellgleis« genutzt hat, sich noch besser aufzustellen, ist er heute ein noch besserer Manager, als er es vorher war.

Management durch Angst

Die bereits beschriebene dritte Art der Angst in Unternehmen – jene Angst, die unter Mitarbeitern verbreitet wird – kann leicht zu einer »Epidemie der Angst« führen. Die Angst als Machtinstrument ist Jahrhunderte alt. Gib Menschen etwas und drohe, es ihnen fortzunehmen, und sie werden unter deiner Kontrolle sein. Trotz der mittelalterlichen Gesinnung gilt dies in manchen Unternehmen immer noch als moderner Führungsstil.

Es sei angemerkt, dass Management durch Angst durchaus funktioniert – zumindest solange die Kontrolle der Mitarbeiter das Ziel der Führung ist. Der Einsatz von Angst als Kontrollinstrument ist effektiv und billig. Zu Ende gedacht, würde das aber bedeuten, dass das Management jedes kleinste Detail der Unternehmung steuern und vorgeben muss. Wer hundertprozentig kontrolliert, muss auch hundertprozentig steuern. Andernfalls führt die Kontrolle zumindest stellenweise zum Stillstand. Zahlreiche Unternehmen und auch einige diktatorisch geführte Staaten haben bereits anschaulich gezeigt, wie gering die Erfolgsaussichten dieses Führungsstils sind.

Das perfekte Mikromanagement mit hundertprozentigen Handlungsvorgaben an die Mitarbeiter mag in einem kleinen Handwerksbetrieb zwischen Meister und Geselle sogar noch eine Zeitlang funktionieren, wenn die Persönlichkeiten entsprechend ausgebildet sind. In der Regel klagen dagegen Unternehmer, die so führen, über all die Arbeit, die sie selbst machen müssen, weil sie »nur von Idioten umgeben« sind. Wer Menschen jedoch wie Idioten behandelt und dabei besonders effektiv ist, der darf sich nicht wundern, wenn sie so agieren. Die Ergebnisse sind vorhersehbar: persönliches Leiden auf beiden Seiten und unternehmerischer Misserfolg. Der Unternehmer wird seiner Verantwortung für das Unternehmen, seine Mitarbeiter und für sich selbst nicht gerecht.

Bei einem mittelständischen Betrieb mit vielleicht einhundert oder mehr Mitarbeitern und erst recht bei einem großen Konzern ist Management durch Angst zum Scheitern verurteilt. Es führt zwangsläufig zur systemischen Lähmung.

Vertrauen und Selbstvertrauen machen immun gegen Angst

Wie lässt sich die Epidemie der Angst eindämmen? Wie lässt sich verhindern, dass Angstanfälle Einzelner zur Seuche werden, die jeden ansteckt, der in Kontakt mit dem »Infizierten« kommt? Das Zauberwort heißt Vertrauen. Wie im richtigen Leben. Ohne Vertrauen funktioniert die Wirtschaft nicht, genauso wenig wie Aikido oder jede andere Kampfkunst.

Franz Josef Nick, CEO der damaligen Citibank Deutschland, brachte es mit einer Rede vor 4000 Mitarbeitern vor der Umstellung seines Unternehmens zur Targobank auf den Punkt: Vertrauen ist eine Emotion. Vertrauen ist ein Gefühl. Und Gefühle sind nichts, was man an- oder ausschalten kann. Jede einzelne Aktion, jedes unternehmerische Handeln und jede Entscheidung einer Führungskraft ist eine vertrauensbildende Maßnahme. Positiv oder negativ. Es hilft nichts zu sagen: »Du kannst mir vertrauen.« Das sagt der Gebrauchtwagenhändler auch, der eben noch die gefälschte Fahrzeugnummer in den Rahmen geschweißt und überlackiert hat. Vertrauen ist keine PR-Aufgabe und keine Herausforderung für die interne Kommunikation.

Im Umgang mit Kunden haben die meisten Unternehmen das verstanden. Vertrauen scheint jedoch im Umgang miteinander innerhalb des Unternehmens bei vielen immer noch ein unbekanntes Konzept zu sein. Schlimmer noch: Die Wirtschaft ist einer von zwei Lebensbereichen, in denen wir es als Gesellschaft offenbar akzeptiert haben, dass falsch gespielt wird. Der andere ist der Profisport. In beiden Bereichen scheint das zum Ziel führende Brechen der Regeln zum normalen Modus Operandi geworden zu sein – ob Manager Riesen-Boni kassieren, obwohl sie ihre Firmen ausverkauft haben, oder ob Profifußballer zuerst ein Foul begehen und dann wie die unschuldigen Schuljungen beim Schiedsrichter monieren, sie seien gefoult worden. Die Aufregung darüber ist halbherzig und bleibt in der Regel ohne Folgen.

Unternehmen, die um Vertrauen werben, äußern meist, dass man ihnen aus diesem oder jenem Grund vertrauen soll. Was sie jedoch eigentlich einfordern, ist Blauäugigkeit. Sie wollen, dass wir ihnen blind vertrauen. Und blindes Vertrauen ist Blindheit, kein Vertrauen. Denn wie beim Fallen gilt: Nur wenn ich weiß, dass ich es kann, werde ich mich darauf einlassen. Alles andere wäre einfach nur dumm und leichtsinnig.

Eine Unternehmenskultur des gegenseitigen Vertrauens ist ein fragiles Gebilde mit jahrelanger Bauzeit. Es wird zusammengehalten aus Millionen einzelner Interaktionen zwischen Individuen. Das ist erst mal eine ganz persönliche Sache. Jede einzelne dieser Begegnungen muss Vertrauen schaffen. Erst dann kann eine Struktur wachsen, die Vertrauen schafft und Vertrauen rechtfertigt.

Die Struktur alleine reicht jedoch nicht aus. Lehnen sich einfach nur Schwache aneinander, entsteht ein Kartenhaus, eine in sich stabile Konstruktion, die allerdings nichts aushält. Sind die Einzelnen hingegen stark, ist auch das gesamte Gebilde dauerhaft. Gegenseitiges Vertrauen funktioniert nur unter starken Partnern, die auch das Selbstvertrauen haben, den anderen mitzutragen.

Aikido: Gegenseitiges Vertrauen schafft eine gesunde Balance

Beim Üben des Aikido ist es sehr wichtig, dass beide Partner sich aufeinander verlassen können. Nur wenn der Angreifer seinen Angriff ernsthaft ausführt und flexibel auf die Abwehr reagiert, wird beides – Angriff und Abwehr – authentisch und wertvoll sein. Lässt sich der Angreifer bei der Gegenwehr sofort fallen, weil er Angst hat, funktioniert die Technik nicht. Beide verlieren das Gleichgewicht, und es kann zu Verletzungen kommen. Sperrt er sich aus Angst mit Kraft gegen eine Verteidigungstechnik, wird er sehr schnell an seinem Schmerzpunkt anlangen. Und der Verteidiger wird eine andere Technik anwenden und ihn so trotzdem zu Fall bringen.

Bei einer Technik wie dem sogenannten Handgelenkaußendreh-Wurf »Kote Gaeshi« wird offenbar, wie wichtig das gegenseitige Vertrauen ist. Nage, der Verteidiger, bringt Uke,

den Angreifer, mit einer Hüftdrehung in eine Drehbewegung, der er dann mit einem einzigen Schritt und Druck gegen Ukes Handgelenk entgegentritt. An diesem Punkt setzt das Grundprinzip des Aikido ein: Fallen, sonst tut es weh! Uke muss sich also darauf verlassen können, dass Nage den Druck auf das Handgelenk so ausübt, dass es nicht bricht, bevor er fallen kann. Und Nage muss darauf vertrauen können, dass Uke auch fällt und sich nicht – aus welchem Grund auch immer – dafür entscheidet, sich das Handgelenk ausrenken zu lassen. Beide vertrauen darauf, dass der andere seine Technik sauber ausführt. Am Ende stehen eine gelungene Übung und zwei Partner, die einen Schritt weiter sind.

Was heißt das im übertragenen Sinne für Manager? Auch sie können sich dafür entscheiden, ihren Mitarbeitern zu vertrauen. Das System der Arbeitsteilung ist darauf angelegt, und es funktioniert. Aber wie beim Aikido kann es zu bösen Verletzungen kommen, sobald einer der Partner das Vertrauen verliert und Angst bekommt. Vertrauen und Selbstvertrauen müssen sich also ergänzen.

Wie bereits im ersten Kapitel beschrieben, sind hier Kreisbewegungen am Werk. Das vom Manager entgegengebrachte Vertrauen wird bestätigt. Es entsteht mehr Vertrauen. Der Mitarbeiter merkt, dass man ihm vertraut, und gewinnt dadurch an Selbstvertrauen. Dieses macht es ihm noch leichter zu vertrauen etc. Es entsteht so eine Aufwärtsspirale, auf der Führungskräfte und Mitarbeiter gemeinsam emporsteigen.

Eine alte Regel sagt: Starke Manager scharen starke Leute um sich, schwache Führungspersönlichkeiten scharen schwache Günstlinge um sich. Manager und Mitarbeiter können sich gleichwohl auch gegenseitig stärker machen, wenn sie einander vertrauen. Sie bauen so lähmende Ängste ab und ersetzen sie durch Selbstvertrauen und gegenseitiges Vertrauen.

Die Übung des Sensei

Diese Übung ist nicht neu, aber sie tut einfach gut: Bilden Sie einen Kreis mit Ihren Kollegen und/oder Mitarbeitern. Einer stellt sich in die Mitte. Er oder sie hält seinen oder ihren Körper steif und lässt sich wie ein Stock nach vorne oder hinten fallen. Der Kollege, der dort steht, fängt ihn oder sie auf, bevor er oder sie fällt.

Tauschen Sie die Rollen und versuchen Sie es in der Mitte mal mit geschlossenen Augen. Solange der oder die in der Mitte den Körper angespannt hält und die anderen beim Auffangen beherzt zupacken, funktioniert das System. Es erfordert Vertrauen, sich fallen zu lassen, und Selbstvertrauen, den anderen fangen zu können.

Zweites Buch

Die richtige Haltung

Es ist kein Zufall, dass in der deutschen Sprache (und in vielen anderen Sprachen auch) das Wort »Haltung« sowohl für die Körperhaltung eines Menschen steht als auch für seine Gesinnung. Aufrechtsein ist eine Tugend des Körpers, wie auch der Seele. Und der aufrechte Gang funktioniert nur mit einer Portion Rückgrat – in physischer wie auch in mentaler Hinsicht.

4

Je tiefer der Schwerpunkt, desto stabiler der Manager

Wie Sie auch ganz oben die Bodenhaftung behalten

Der Fall des Sören Berlebach

Die Zahlen waren eindeutig. Die Abteilung Direktvertrieb hatte noch Kapazitäten frei. Verteilte man die Zahl der Kundenkontakte auf die Mitarbeiter mit der durchschnittlichen Dauer des Kontaktes und seiner Bearbeitung, dann blieben noch 20 Prozent der Arbeitszeit ungenutzt. Es war ein eindrucksvoller Beweis – wie statistische Beweise es eben oft sind; zumindest so lange, bis man genauer hinschaut.

Die Sitzung mit dem Vertriebsvorstand dauerte erst seit 15 Minuten. Doch Sören Berlebach beschlich bereits seit 14 Minuten das unbehagliche Gefühl, zwischen zwei Mühlsteinen zu sitzen, die jeden Moment mit ihrer Arbeit beginnen könnten. Es würde seine Aufgabe sein, die Umstrukturierung zu kommunizieren. Nicht alleine natürlich. Er sollte jedoch entwickeln, *wie* kommuniziert wurde. Diese Kommunikation sollte vor allem möglichst geräuschlos und schmerzlos verlaufen – geräuschlos insofern, als niemand außer den Betroffenen etwas von der Sache mitbekommen sollte; und schmerzlos vor allem für die Führungskräfte, die sich generell lieber nicht in der Rolle des Überbringers schlechter Nachrichten sahen.

»Die werden natürlich ziemliches Theater machen.« Der Vertriebsvorstand wirkte darüber trotz allem nicht allzu zerknirscht.

Theater schien ihm durchaus eine unterhaltsame Komponente zu haben – zumindest solange er nicht zu den Opfern gehörte.
»Dass unsere Zahlen nicht stimmen und dass wir unter einem Vorwand Personal abbauen.«
»Wir bauen Personal ab.«
»Nein, wir reduzieren überschüssige Kapazitäten.«
»Wir bauen Personal ab.«
»Auf welcher Seite sind Sie eigentlich?«
»Ich sagte, WIR bauen Personal ab. Nicht, SIE bauen Personal ab. Damit ist doch klar, auf wessen Seite ich bin!« Berlebach sagte das vielleicht einen Hauch zu gereizt.

Der Vertriebsvorstand applizierte seinen geduldigen Blick. »Berlebach! Diese Leute machen sich einen faulen Lenz auf Kosten des Unternehmens. 20 Prozent Überkapazität. Ein Fünftel. Das heißt sechs Stunden Arbeit, acht Stunden bezahlt. Jeden Tag! Wer soll sich denn so einen Luxus leisten können in Zeiten wie diesen?«

»Was ist mit den Softwareproblemen mit der neuen Vertriebsplattform?«

Das war Berlebachs Hinweis darauf, dass die Zahlen auch nicht stimmten.

»Nun mal ein Thema nach dem anderen, Berlebach. Bringen wir erst mal diese Personalsache hinter uns, dann lösen wir das Softwareproblem.« Und an diesem Punkt klang der Vertriebsvorstand ziemlich bestimmend. Ein klares Signal für Berlebach, nicht weiter den »advocatus diaboli« zu spielen.

Das Unternehmen stand unter drastischem Sparzwang. Eigentlich schon seit drei Jahren. Dabei verdiente die Firma genug Geld. Aber – so die wie eine Mantra wiederholte Formel des Vorstands – ohne eine Erhöhung der Rendite würde die Firma über kurz oder lang zu einem Übernahmekandidaten. Es war eine Ratio, die Berlebach zwar verstand, aber nicht teilte. Und das machte seinen Job im Moment nicht leichter.

Seit rund sechs Monaten arbeitete der Vertrieb mit einer neuen Computerplattform. Diese machte Kundenkontakte leichter, erfasste mehr Kundendaten und erlaubte es, Kunden noch direkter anzusprechen. Gleichzeitig wurde den neuen gesetzlichen Vorschriften zum Datenschutz und zur Sicherheit der Privatsphäre besser Rechnung getragen. So weit, so gut. Bei maßgeschneiderten Softwareprodukten liegt die Endkontrolle jedoch beim Verbraucher, und das neue Programm hatte einige Schwächen. Mitarbeiter im Vertrieb beklagten sich seit seiner Einführung über regelmäßige Systemausfälle und immer wieder auftretende Datenverluste. In einem Schreiben an den Lieferanten hatte der Chef der IT-Abteilung einen Produktivitätseinbruch um rund ein Drittel beklagt. Und er hatte relativ unverhohlen mit Schadenersatzklagen gedroht, sollten die Fehler nicht sofort getilgt werden. Berlebach hatte in der Gerüchteküche davon gehört. Nun beschloss er, noch einmal nachzufragen.

Eigentlich genügte ein Blick in das Großraumbüro des Direktvertriebs, um Berlebachs Vermutung zu bestätigen: Von den 14 Schreibtischen waren sechs besetzt, die anderen Mitarbeiter scharten sich um zwei Kollegen, die anklagend auf ihre Computermonitore zeigten.

»Entschuldigung ...!« Ein Mann mit einer dicken Aktentasche, aus der Handbücher und ein ziemlich großer Laptop ragten, drängte sich an Berlebach und der Glaswand vorbei in das Großraumbüro. Der Mann von der IT-Hotline. Auf seine Frage, ob schon wieder der Wurm drin sei, bekam Berlebach als Antwort nur einen genervten Blick über die Schulter. Ganz offenbar war hier irgendwo der Wurm drin. Und nicht nur einer.

Berlebach lungerte unter dem Vorwand eines Handygespräches vor der Glasscheibe zum Großraumbüro herum. Es war immer wieder erstaunlich, wie schnell Menschen einen anderen an einem Ort akzeptierten, wo dieser nicht hingehörte, wenn er nur geschäftig mit seinem Telefon sprach. Da wurden keine Fragen gestellt. Vielleicht geschah das aber auch nur aus Höflichkeit. Jedenfalls gelang es Berlebach, einigermaßen unbemerkt vor dem Großraumbüro des Direktvertriebs zu bleiben, bis der Servicemann von der IT-Hotline wieder herauskam.

»Gut, dass ich Sie gerade sehe«, freute sich Berlebach und erklärte, er habe dasselbe Computerproblem wie die Kollegen da drinnen.

»Tatsächlich?« Der IT-Mann hatte zu Recht Zweifel und erklärte Berlebach mit der IT-Menschen eigenen Geduld, die man sonst nur Analphabeten und Kleinkindern entgegenbringt, dass der Fehler beim Direktvertrieb in der Software für die neue Vertriebsplattform stecke.

Das Gespräch zwischen Berlebach und dem IT-Spezialisten dauerte eine Viertelstunde. Es war sehr aufschlussreich, auch wenn es nur Berlebachs Vermutungen bestätigte: Die Mitarbeiter des Direktvertriebs überschlugen sich fast, um ihre Arbeit zu schaffen. Die Computerprobleme sorgten für Ausfallzeiten zwischen 30 und 40 Prozent. Einen guten Teil davon versuchten die Kollegen so gut es ging, durch Fleiß und Eile und harte Arbeit zu kompensieren. Allerdings war das auch eine Art Zeitbombe, denn die Hast würde irgendwann auf Kosten der Beratungs- und Servicequalität gehen.

Vor diesem Hintergrund war klar: Der Plan des Vorstands, ein Fünftel der Mitarbeiter »freizusetzen«, hatte selbstmörderische Züge. Er beruhte auf Zahlen, die nichts mit der Realität zu tun hatten. Die Statistiken waren durch so viele Stabsstellen gelaufen, dass sie klinisch rein waren, bis sie den Vorstand erreichten. Und nach Berlebachs Erfahrung musste an Zahlen immer noch etwas Erde und Schmutz hängen, sonst stimmte etwas nicht.

Die Zahlen, an denen der Schmutz hing, sahen so aus: ein Drittel Produktivitätsausfall durch die neue Software; eine wahrscheinliche Preisminderung beim Lieferanten um 20 Prozent; 20 Prozent Einsparungen bei den Personalkosten. Der Rest der Belegschaft war gezwungen, auch diese weiteren Kürzungen durch zusätzliche Arbeit zu kompensieren. Sie würden alles tun, um das auch zu schaffen. Denn jeder von ihnen bangte natürlich, als Nächster seinen Arbeitsplatz zu verlieren. Die Softwareprobleme und die Einsparungen brachten dem Unternehmen unter dem Strich eine bescheidene Steigerung an Profitabilität. Diese ging allerdings zum überwiegenden Teil auf Kosten der Mitarbeiter – auf Kosten jener, die ihren Job verloren, und jener, die durch mehr Arbeit und größeren Einsatz die Lücken füllen mussten.

Was Berlebach an dieser Situation Kopfschmerzen bereitete: Die Entscheidung des Vorstands war den Kollegen im Direktvertrieb, denen sie irgendwie erklärt werden musste, praktisch nicht zu vermitteln. Das nächste Problem war zudem vorprogrammiert. Der Direktvertrieb und damit auch der Umsatz würden mittelfristig unter den Folgen leiden. Es zeigte sich hier der klassische Fall eines »management by numbers«, das den Kontakt zur Realität verloren hat. Berlebach wusste: Die durch solche Entscheidungen ausgelöste Kommunikations-Kaskade würde geradezu selbstzerstörerisch sein.

Aufsteigen statt Abheben

Flieger wissen das: Wer abheben will, braucht Auftrieb. Heiße Luft ist da nicht nur physikalisch sehr hilfreich. Nach diesem Prinzip finden auch Karrieren immer wieder ihren Auftrieb. Gerade große Konzerne sind gut im Produzieren heißer Luft. Und wer kann schon die Bodenhaftung behalten, wenn er abhebt.

Es kommt immer wieder vor, dass Manager – trotz aller guten Vorsätze – ihre Bodenhaftung verlieren. Oft fordert ihre Umgebung dies sogar heraus. Das war zum Beispiel einer der Gründe, warum Daimler-Chef Dieter Zetsche sofort am ersten Tag seiner Amtsübernahme die Verlegung der Konzernzentrale ins Werk Untertürkheim ankündigte. Er wollte wieder in die Nähe des eigentlichen Geschäftes seines Automobilkonzerns: des Automobilbaus. Zetsche hatte beobachtet, wie sein Vorgänger Schrempp die Bodenhaftung verlor – wohl abgeschirmt von den Realitäten durch große Stäbe, private Jets und eine Konzernzentrale auf der grünen Wiese in Stuttgart-Möhringen. Der Bau des Stuttgarter Musicaltheaters gleich gegenüber mag manchem Mitarbeiter und Gast der Zentrale wie ein schlechtes Omen vorgekommen sein. Oft schien nicht ganz klar, aus welcher Richtung Theaterdonner und Eisnebel durch die schwäbischen Fildern strich. Für einen Autobauer müsste sich ein Mangel an Bodenhaftung eigentlich von selbst verbieten. Der Fall Schrempp zeigte allzu deutlich, wohin dieser Verlust führen kann. Es war ein großer und bewundernswerter Kraftakt, dass Zetsche mit dem Konzern diese Entwicklung zu einem großen und wichtigen Teil gestoppt und wieder umgekehrt hat.

Bodenhaftung bedeutet Kontakt

Jeder Rennfahrer und jeder gelegentliche Formel-Eins-Zuschauer weiß: Wer die Bodenhaftung verliert, ist in der ersten Kurve aus dem Rennen. Auch Manager wissen das. Auffällig viele von ihnen werden nicht müde zu betonen, dass sie sich von »ganz unten« hochgearbeitet haben. Lassen wir einmal außer Acht, dass »ganz unten« wahrscheinlich auch in diesen Fällen ein relativer Begriff ist. Hinter diesen Bekenntnissen zum »Ganz-normal-Sein« steckt bei vielen nicht mehr und nicht weniger als der Wunsch nach Bodenkontakt. Gute Manager wissen instinktiv, dass sie die Verbindung zu ihren Mitarbeitern und zum »kleinen Mann auf der Straße« nicht verlieren dürfen. Die Mitarbeiter schaffen den Mehrwert, der den Erfolg des Managers ausmacht. Und der kleine Mann auf der

Straße ist meistens derjenige, der letztendlich das Produkt kaufen oder doch zumindest indirekt bezahlen soll.

Leider jedoch bleibt es für viele Manager bei dem frommen Wunsch nach Nähe zu Mitarbeitern und Kunden. Zu wenig Zeit, zu viel zu tun – da muss meistens chronische Unfreiheit als Entschuldigung herhalten. Eingehüllt in die Mär vom Joch der Erfolgreichen eilen Manager von einer Krise zur nächsten und merken oft gar nicht, dass sie längst den Kontakt zur Realität verloren haben. »Aus den Augen, aus dem Sinn!«, sagt ein altes Sprichwort. Und es beschreibt zutreffend, wie schnell die da unten vergessen sind, wenn man sich einmal da oben auf der Geschäftsführungsebene oder der Vorstandsetage eingerichtet hat. Es erfordert ein hohes Maß an Disziplin und Selbstreflexion dann nicht den Bodenkontakt zu verlieren. Da bekommt der Begriff vom »Überflieger« seine dunkle Seite.

Es gibt Firmen, die ganz bewusst Mechanismen installieren, die das Abheben der Überflieger verhindern sollen. In modernen Konzernen wie der Deutschen Telekom zum Beispiel müssen sich auch Top-Manager regelmäßig einer 360-Grad-Kritik aussetzen. Das sind konstruktive Rundumschläge, bei denen kaum ein Blatt vor den Mund genommen wird. Da wird Klartext gesprochen – auch und vor allem über Hierarchiegrenzen hinweg. Dies ist ein sehr persönlicher und oft auch schmerzhafter Prozess für die Beteiligten, der aber immer wieder zur Besinnung ruft. Er ermöglicht und erzwingt Lernprozesse, die andernfalls vielleicht im Alltagsrummel auf der Strecke bleiben würden.

Das einzige Problem mit solchen Mechanismen der gegenseitigen »Erdung« ist: Irgendwann muss ein schon »geerdetes« Management sie in Kraft setzen. Das ist vergleichbar mit der Frage, wer zuerst da war: das Huhn oder das Ei. Es braucht geerdete Manager, um eine Managementkultur zu etablieren, die den Verlust von Bodenhaftung verhindert. Glücklicherweise gibt es solche Manager.

Ein sehr gutes Beispiel ist Rainer Neske, Vorstand der Deutsche Bank AG und Chef des gesamten Privat- und Geschäftskundenbereiches der Bank. Mitarbeiter erinnern sich, wie Neske, nachdem er in relativ jungen Jahren diesen einflussreichen Posten bekommen hatte, immer wieder überraschend in einzelnen Filialen auftauchte und einfach einen Stuhl neben einem Mitarbeiter heranzog. Und dann saß auf einmal ein Mitglied des weltweiten »Executive Comittee« der Bank neben einer Sachbearbeiterin und versuchte deren Probleme mit der neuen Software zu lösen. Neske ist nicht nur Betriebswirt, sondern auch studierter IT-Experte. Es bleibt also nicht bei der Geste, wenn er sich auf diese Art eines Mitarbeiters und dessen Problem annimmt.

Für die Mitarbeiter sind solche Begegnungen auf Augenhöhe ein unglaublich motivierendes Erlebnis. Sie erfahren, dass »da oben« mehr ist als Zahlen, Daten, Fakten und die daraus resultierenden Entscheidungen. Doch es sind erst mal die Manager selbst, die von dieser Nähe profitieren. Ziel dieses Buches ist es ja, dass Manager sich selbst richtig managen und so zu vollständiger Größe und maximaler Führungsfähigkeit heranwachsen. Was also bewirkt effektives Selbstmanagement in dieser Hinsicht für den Manager selbst – ob es nun der Vorstand ist, der die Kollegen am Schalter besucht, oder der Mittelständler, der mit anpackt, wenn die neue Maschine mit vereinter Kraft an den richtigen Ort gerückt werden muss?

Aikido – je tiefer der Schwerpunkt, desto sicherer der Stand

Im Aikido gibt es eine Art Grundhaltung, eine Position, die »Kamae« heißt (das wird wie »Karl May« ohne das »rl« gesprochen). In dieser Grundhaltung erwartet Nage, der Verteidiger, beim Aikido den Angriff des Uke. Der Körperschwerpunkt befindet sich im Kamae genau in der Mitte zwischen den Füßen. Dabei steht der Aikidoka nicht mit durchgedrückten Beinen da. Er ist flexibel, und seine Knie sind gebeugt. Dadurch wird sein Schwerpunkt tiefergelegt. Und das macht ihn stabiler.

Schauen Sie einmal Philippe beim Schwertkampf, dem Aiki-Ken zu: Sein Schwerpunkt ist extrem tief. Das gibt ihm eine große Reichweite und größtmögliche Stabilität.

Dieses Prinzip begegnet uns immer wieder, wenn es um Stabilität geht. Nicht nur in den Kampfkünsten. Die Parallele zum Motorsport wurde schon beschrieben. Je zentrierter und tiefer der Schwerpunkt ist, desto besser ist die Bodenhaftung und umso sicherer ist die Fahrt.

Der kluge Manager nimmt die beschriebene Position ein: nicht stolz und aufrecht und erhobenen Hauptes, sondern entspannt, stabil, bereit zu handeln und doch besonnen abwartend.

Es ließen sich noch eine Menge anderer Beispiele finden für diese Haltung: wie der Sumo-Ringer, der sein beachtliches Gewicht dadurch absenkt, dass er in die Knie geht. Das ist ein besonders schönes Bild, wenn es auch dem einen oder anderen an ästhetischer Schönheit mangeln mag. Es zeigt, dass das Absenken des Schwerpunktes keine leichte Sache ist. Es wird grundsätzlich durch zwei Faktoren erschwert: die Größe des Kämpfers und sein Gewicht. Im übertragenen Sinne trifft das auch auf Manager zu, die ihren Schwerpunkt in eine stabilere Höhe absenken wollen. Je höher sie sich in der Hierarchie befinden und je größer ihr Kampfgewicht im Unternehmen ist, desto härter müssen sie daran arbeiten, ihren Schwerpunkt möglichst tiefzulegen.

Vom »hohen Ross« herunterkommen

Es ist eine alte Redensart, man solle von seinem hohen Ross herunterkommen. In unserem Zeitalter ist es vielleicht ein eher verwirrendes Bild. Doch denken wir uns zurück in die Zeit, in der diese Redensart wahrscheinlich entstand. Da war es Sache der feinen Herren (und natürlich auch der Damen), hoch zu Pferd in der Öffentlichkeit aufzutraben. Eine bequemere Art der Fortbewegung als der Fußweg, den der Mann auf der Straße zurücklegen musste. Aber es war mehr: Das Pferd war auch ein Statussymbol – und zwar ein sehr physisches. Niemand stellte sich damals einem Pferd oder einer Kutsche in den Weg. Ebenso einschüchternd kommen unsere heutigen Statussymbole daher – von der schwarz lackierten Dienstwagenflotte bis hin zur Vorstandslimousine. Aber der Blick vom hohen Ross verzerrt oft die Perspektive.

Der ehemalige Bundespräsident Horst Köhler hat es einmal ganz einfach auf den Punkt gebracht: »So etwas tut man nicht!« Er sprach damals über die Gier von Managern, kurz nach dem Ausbruch der Finanzkrise. Viele Menschen verstehen diese Gier heute als schnöde Geldgier. Dass ihre Reflexion an diesem Punkt endet, verwirrt die Kritiker nicht. Welche Bedeutung hat Geldgier bei jemandem, der längst Millionen angehäuft hat? Warum ging zum Beispiel Klaus Zumwinkel, der ehemalige Chef der Post und Multimillionär, das Risiko ein, wie ein Verbrecher von der Polizei abgeführt zu werden, weil er riesige Geldsummen an der Steuer vorbei in Liechtenstein parkte? Mit reiner Geldgier ist das kaum zu erklären.

Wir haben alle Bedürfnisse

Die Erklärung für das beschriebene Verhalten ist nicht kompliziert. Sie ist im Gegenteil relativ einfach. Wir haben zwar alle die gleichen Bedürfnisse, sind jedoch nicht alle auf demselben Level, wenn es um deren Befriedigung geht. Schauen Sie auf die Liste menschlicher Bedürfnisse. Diese reichen von einfachen lebenserhaltenden Dingen bis hin zu dem Wunsch, sein maximales Potential erreichen zu können. Diese Bedürfnisse sind in fünf verschiedene Gruppen unterteilt. Die Pyramide des US-amerikanischen Psychologen Abraham Maslow ist seit mehr als einem halben Jahrhundert das Standardmodell für diese Aufteilung:

Die Pyramide ist in zwei ungleiche Hälften aufgeteilt. Die unteren drei Stufen sind sogenannte Defizitbedürfnisse: Wenn der Mensch da mangelhaft versorgt ist, fehlt ihm etwas. Die oberen beiden Stufen sind sogenannte höhere Bedürfnisse: Sie sind wie das Sahnehäubchen auf einem gelebten Leben. Wäre das Ganze ein Eistanz, wären die drei unteren Stufen die Pflicht und die beiden oberen die Kür.

Die meisten Menschen haben genug damit zu tun, sich durch das Pflichtprogramm zu tanzen. Millionen Menschen müssen ohne soziale Anerkennung auskommen und trotzdem zusehen, dass sie glücklich werden. Nicht jeder Busfahrer oder Straßenreiniger und auch nicht jede Kindergärtnerin, Arzthelferin oder Therapeutin findet Selbstverwirklichung in dem, was er oder sie täglich tut. Der Lebensstandard von Millionen und Milliarden Menschen entspricht nur mehr dem

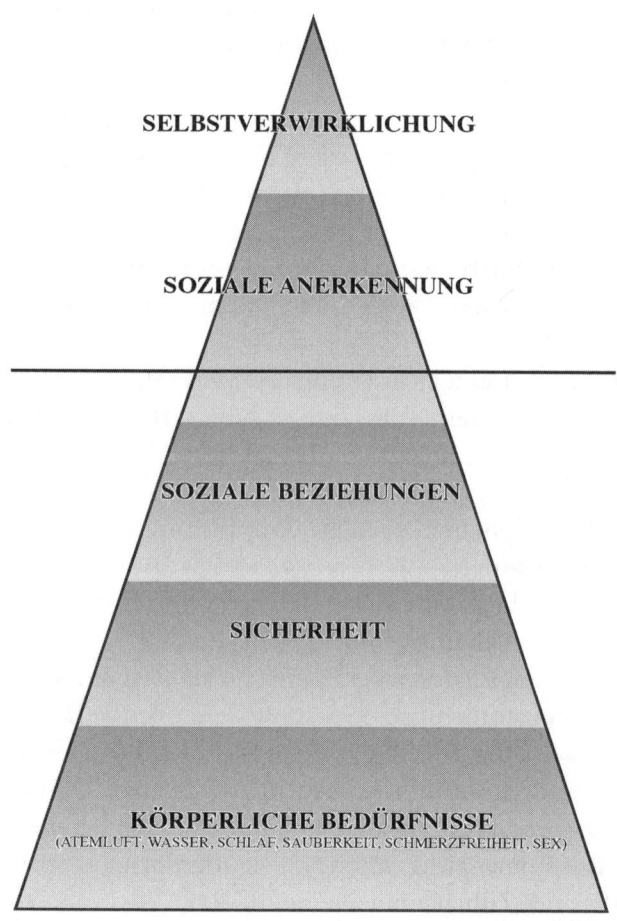

»Überleben«. Höher kommen sie auf der Pyramide nicht. Für viele von ihnen ist auch die Befriedigung ihrer Bedürfnisse auf den drei untersten Stufen der Maslow'schen Pyramide keine Selbstverständlichkeit.

Um im Bild zu bleiben: Die meisten Manager, Führungskräfte und Vorstände sind professionelle Kürtänzer. Den Anforderungen an ihre Kreativität und ihre mentale Leistungsfähigkeit könnten sie ohne einen gewissen Grad an Selbstverwirklichung und dem Ausschöpfen ihres Potentials gar nicht gerecht werden. So weit wäre das ja ganz gut. Leider folgt jedoch daraus, dass sich das Bild des Überfliegers in ein verhängnisvolles verwandelt. Denn auf ihrem oft recht schnellen Karriereweg überspringen viele ihre eigenen Grundbedürfnisse, um ganz nach oben zu kommen: die Geschäftsführerin der großen Agentur, die mit Mitte vierzig feststellt, dass sie gerne eine Familie gegründet hätte; der Manager des Softwareunternehmens, der vom Yuppie zum Papi wurde und nun Schwierigkeiten hat, die überflüssigen Bits und Bytes auf den Rippen wieder abzutrainieren; oder der Kommunikationsdirektor – ein Kollege unseres Herrn Berlebach –, der mit Ende vierzig einen dreifachen Bypass gelegt bekommt und wie eine ballistische Rakete in kürzester Zeit vom steilen Aufstieg in den Sinkflug übergeht. Sie alle seien nur beispielhaft genannt, und es gibt sie in trauriger, tausendfacher Ausführung.

Viele von ihnen unterlagen einfach einer weitverbreiteten optischen Täuschung: Ihnen wurde immer wieder vorgemacht, dass der Erfolgreiche sich um die unteren Stufen der Pyramide eigentlich keine Sorgen machen muss. Und so vernachlässigen die Erfolgreichen vor allem die weniger glamourösen unteren drei Ebenen der Bedürfnispyramide. Sie essen schlecht, lassen ihre Partner und Familien allein, finden kaum noch Bewegung, und Luxushotels ersetzen die Geborgenheit eines Zuhauses.

Erkennen Sie hier die Gefahr des Verlustes der Bodenhaftung? Diejenigen hingegen, die sich ganz bewusst auch der Befriedigung ihrer eigenen Bedürfnisse widmen, haben eine Chance auf ein gesundes Leben, eingebunden in die Gemeinschaft ihrer Mitmenschen, Freunde, Familien und Kollegen. Die Befriedigung unserer Bedürfnisse schafft Gemeinsamkeiten.

Die eigenen Bedürfnisse befriedigen

Um es an dieser Stelle klarzustellen: Es geht nicht darum, sich möglichst effizient »herabzulassen« zu »denen da unten«. »Die da unten« würden jeden Manager bei diesem Versuch durchschauen, und der Versuch ist sträflich. Er wird in der Regel mit Respektentzug und beinahe tödlicher Verachtung geahndet.

Auch hier geht es darum, dass Manager sich selbst managen müssen, wenn sie glücklich und starke Führungspersönlichkeiten sein wollen. Nur, wenn sie sich selbst so managen, dass sie glücklich sind, können sie ihre Mitarbeiter und Unternehmen glücklich und erfolgreich machen.

Aikido – miteinander Dinge erarbeiten

Für den westlich geprägten, unerfahrenen Aikidoka ist es ein verblüffendes Erlebnis, zum ersten Mal ein Dojo zu betreten. Auf der Matte trainieren in friedlicher Eintracht Frauen und Männer, Junge und Nicht-mehr-ganz-so-Junge, Anfänger und Meister mit schwarzen Gürteln. Nach jeder Übung und nach jeder Vorführung einer neuen Übung durch den Sensei werden die Übungspartner gewechselt. Dabei achten erfahrene Aikidoka stets darauf, Zeit mit Anfängern zu verbringen. Sie geben so ihre Erfahrungen weiter und üben selbst noch einmal Grundtechniken, in die sich vielleicht über die Jahre kleine Fehler oder individuelle Macken eingeschlichen haben. Auf diese Art werden zwei wichtige Dinge erreicht: Erstens profitieren Aikido-Schüler von der Erfahrung der Meister und fühlen sich wohl und ernst genommen. Zweitens werden Dan-Träger mit ihren schwarzen Gürteln immer wieder an den eigenen Anfang zurückgeholt. Sie frischen alte Kenntnisse und Fähigkeiten auf und machen so auch selbst Fortschritte. Außerdem kommen sie in den Genuss der Lehrerrolle und können ihre eigene Meisterschaft weitergeben. Sie ernten Respekt und Anerkennung, je mehr sie sich auf die Schwierigkeiten der Schüler einlassen.

Aikido ist eine japanische und schon deshalb sehr Hierarchie-bewusste Kampfkunst. Es geht nicht darum, die Grenzen zwischen Schülern und Meistern, zwischen Anfängern und Hochrangigen zu verwischen. Im Kapitel »Der Sensei« erfahren Sie mehr über die besondere Rolle des Lehrers. Auch unter den Aikidoka herrscht eine klare Ordnung. Traditionell sitzen etwa die Unerfahrensten in der langen Begrüßungsreihe zu Beginn des Trainings nahe der Tür. Denken Sie daran: Wir sprechen hier von Nachfahren der japanischen Ritter, der Samurai. Die traditionelle Regelung sollte sicherstellen dass beim Eindringen feindlicher Kräfte zuerst die weniger »wertvollen« Kämpfer geopfert werden.

Die Klassenlosigkeit des Lernprozesses hat im Aikido nichts mit romantischer Gleichmacherei zu tun. Es verliert kein Meister an Status, weil er mit einem weniger Erfahrenen übt. Im Gegenteil.

»Feel-Good-Faktor« statt »Feel-Like-God-Faktor«

Die Verlagerung des Schwerpunktes hat für einen Manager viele Ebenen – von der Körpersprache in persönlichen Begegnungen bis hin zur Zeitplanung für Besuche »an der Basis«. Der größte Störfaktor, der Sie immer wieder ablenken wird, ist genau das System, das den Manager funktionieren lässt: der Assistent, der mit den Informationen für den nächsten Termin drängelt; die Sekretärin, die einen »ganz wichtigen Anruf« aufs Handy durchstellt; die Unterlagen, die mit dem Mitarbeiter auf dem Flug noch durchgesprochen werden müssen; der Blackberry, der vibrierend das Lied von der nächsten E-Mail auf die Tischplatte trommelt. Diese scheinbaren Zwänge sind aber größtenteils selbstauferlegt. Sie lassen sich zumindest temporär abschalten.

Schaffen Sie sich Freiräume, in denen Sie ganz bewusst mit Mitarbeitern auf allen Ebenen Kontakt aufnehmen. Der Besuch in den Vertriebs-Outlets des Unternehmens darf nicht nur bei Eröffnung und bei »Gelegenheit« stattfinden. Planen Sie bewusst Zeit für solche Kontaktaufnahmen ein. Reisezeiten in Autos oder Flugzeugen sind eine ideale »Auszeit« und Gelegenheit, mit Mitarbeitern Kontakt aufzunehmen. Die Zeit ist gut investiert, denn der menschliche Kontakt ist auch für den Manager wichtig, nicht nur für seine Untergebenen.

Wenn Sie den Kontakt zu Mitarbeitern herstellen, nutzen Sie Ihre Chance so intensiv es nur geht. In einem Interview mit dem früheren Stabschef im Weißen Haus und späteren US-Außenminister James Baker fragte Robert einmal, was eigentlich Präsident Ronald Reagan zu einem so anerkannten »Kommunikator« gemacht habe – sogar in den Augen jener, die mit seinen politischen Ansichten nicht d'accord waren. James Baker antwortete ohne langes Überlegen: »He made people feel good.« Menschen fühlten sich wohl in seiner Nähe. Reagan hatte wie viele andere große Kommunikatoren eine Fähigkeit: Er gab einem Menschen, mit dem er sprach, das Gefühl, es gebe in diesem Moment nichts Wichtigeres als diesen Menschen und was dieser zu sagen hatte. Diese Fähigkeit lässt sich üben, bis sie zur Gewohnheit geworden ist.

Planen Sie immer ausreichend Zeit für Begegnungen mit Mitarbeitern ein. Mitarbeiter sind überall und haben meist mehr zu sagen, als Sie glauben. Es lohnt sich zuzuhören.

Nehmen Sie Mitarbeiter bewusst beiseite, schaffen Sie ein Gefühl der Vertrautheit und hören Sie zu. Sie müssen nicht viel sagen. Wenn nur Sie selbst reden, werden Sie nicht viel Neues erfahren. Auch wenn es nur darum geht, »ein paar Unterlagen durchzugehen«, machen Sie sich für einen Moment bewusst, was dieser Mitarbeiter gerade für Ihren gemeinsamen Erfolg tut. Lassen Sie sich nicht stören, wenn Sie mit Mitarbeitern reden. Ein diskretes Zeichen aus dem Hintergrund reicht völlig aus, um den eigenen Zeitplan einzuhalten. Senken Sie auch physisch Ihren Schwerpunkt ab: Setzen Sie sich. Oder stehen Sie locker, anstatt sich vor dem Mitarbeiter »aufzubauen«.

Gehen Sie nah an den Mitarbeiter heran, bleiben Sie physisch nicht auf Distanz.

Suchen Sie den Blickkontakt.

Die Übung des Sensei

Die beschriebenen Aufgaben bilden eine lange Liste. Irgendwo müssen Sie anfangen. Beginnen Sie mit dieser einfachen Übung: Beim nächsten Kontakt mit einem Mitarbeiter fragen Sie sich vorher, was Sie von diesem Mitarbeiter lernen können. Fragen Sie sich anschließend, was dieser Mitarbeiter von der Begegnung mit Ihnen Positives mitnehmen soll.

Ihr natürlicher, instinktiver Irrtum ist der Blick von oben nach unten. Ihre gewohnte Manager-Umgebung verleitet Sie permanent dazu. Sie müssen gezielt Mechanismen und Angewohnheiten entwickeln, die Ihnen menschliche Begegnungen ermöglichen. Der Arbeitstag einer Führungskraft ist viel zu lang, um ihn ohne menschliche Nähe zu verbringen. Und die hübsche Sekretärin ist da keine nachhaltige Lösung.

Eine der wichtigsten Übungen ist es, die eigene Mitte zu finden. Bodenhaftung wirkt nur richtig, wenn Ihr Schwerpunkt richtig sitzt. Das ist eines der Hauptziele in den Kampfkünsten: die Verbindung von Geist und Körper. Und es kann dem glücklichen Manager helfen, mit sich selbst und seinen Mitarbeitern und Kollegen in Harmonie zu leben.

Legen Sie sich auf den Rücken, möglichst auf eine Gymnastikmatte, einen Teppich oder eine Decke; also hart, aber nicht kalt. Legen Sie einen Finger auf einen zentralen Punkt, genau drei Fingerbreit unter dem Bauchnabel in der Mitte des Körpers. Atmen Sie tief ein und wieder aus und konzentrieren Sie sich dabei auf diesen Punkt. Fünf Minuten reichen oft, zehn sind besser.

Eine weitere sehr stark »erdende« Übung ist der »Baum«: Sie stellen sich in der natürlichen Position des »Shisentai« hin, die Füße schulterbreit auseinander und parallel. Lassen Sie Schultern und Hüften entspannt fallen – also einfach nicht anspannen. Auch die Kniegelenke werden nicht eingerastet, sondern bleiben entspannt gebeugt. Versuchen Sie nun einmal, Ihre Hüfte um ein paar Grad nach vorne zu drehen, so dass Ihr Bauch sich leicht wölbt und das Rückgrat in seine natürliche Biegung fällt. Diese Haltung ist anfangs ungewohnt, aber sie kann zur Grundhaltung werden. Sie entkrampft, vereinfacht ein gesundes Atmen und wirkt körpersprachlich entspannt und offen. Das sind eine Menge Vorteile für eine einfache Körperhaltung – vor allem, da wir ohnehin ja irgendwie stehen müssen.

Strecken Sie nun die Arme in zwei runden Bogen nach vorne und etwas nach oben aus und halten Sie sie dort. Das ist am Anfang extrem anstrengend, wird aber immer leichter, je mehr Sie das Shisentai verinnerlicht haben. Diese Übung bringt Ihnen auch eine hervorragende Balance, womit wir beim nächsten Kapitel wären.

5

Balanceakt

Die Drahtseilnummer mit der Ausgewogenheit

Der Fall des Sören Berlebach

Die Kopfschmerzen hatten sich in den vergangenen Tagen zu einer Art chronischem Kater entwickelt. Wie sollte sich Berlebach in der Frage des »unproduktiven« Direktvertriebs verhalten? Die Entscheidung des Vorstands beruhte auf falschen Zahlen und unhaltbaren Annahmen. Berlebach wusste nicht, wie er diesen einmal getroffenen Vorstandsbeschluss noch beeinflussen konnte. Aber ihm war klar, dass einigen Kollegen beim Direktvertrieb großes Unrecht widerfahren und das Unternehmen insgesamt Schaden nehmen würde. Er nahm nicht oft berufliche Sorgen mit nach Hause. Doch diese Sache nagte an ihm. Es würde seine Aufgabe sein, diesen Unfug in goldene Worte zu verpacken und als segensreiches Stück Weisheit aus der Vorstandsetage zu verkaufen. Die Kollegen und die Öffentlichkeit würden die Mogelpackung auf den ersten Blick als das erkennen, was sie war. Die Kopfschmerzen belasteten ihn seit Tagen, und ein resignierter Griff zur selten angerührten Flasche seines teuren Lieblingswhiskeys hatte nicht geholfen.

»Sören, du arbeitest zu viel«, hatte seine Frau ihm gestern Abend gesagt. Sie hatte es gar nicht vorwurfsvoll gemeint. Doch ihm hatte es wie ein Vorwurf geklungen. Und er hatte verärgert reagiert. Sie hatten sich nicht wirklich gestritten. Sie waren lediglich den Rest dieses Abends aneinander vorbeigezogen – wie Schiffe in der Nacht. Sie waren sich jede Sekunde der Präsenz des anderen bewusst und doch sorgsam darauf bedacht, ihm nicht in die Quere zu kommen. Sie waren beide zu besonnen, um zu streiten. Es hatte ja auch keinen Anlass gegeben. Aber es war ein liebloser Abend gewesen, ohne Zärtlichkeiten und ohne Wärme.

Berlebach hatte sich nicht zum ersten Mal gefragt, ob er nicht langsam ein bisschen zu weich in der Mitte, ein bisschen zu bequem und ein bisschen zu rund würde. Er war sein Leben lang schlank gewesen und legte großen Wert darauf. Er war kein Leistungssportler, aber einer, der regelmäßig Sport trieb und sich in Form hielt. Fußball war seine Leidenschaft; Fußball spielen, nicht nur zuschauen. Zweimal in der Woche traf er sich mit alten Kumpels und Kollegen zu einem schweißtreibenden Spiel. Er war stets davon überzeugt gewesen, dass es eine Frage von Selbstdisziplin war, nicht aus dem Leim zu gehen, auch wenn der Halbzeitpfiff des Lebens definitiv verklungen war.

Als er nun im Fahrstuhl stand – der trügerisch leichte Aufstieg in sein Büro –, war ihm bewusst, dass er auf einem schmalen Grat wanderte. Er fühlte sich wie ein Mann auf einem Hochseil – mit einem schweren Gewicht in der Hosentasche, einem Moskito unter der Jacke und böigem Seitenwind. Sein persönlicher Drahtseilakt fand nur ein paar Zentimeter über dem Boden statt. Es bestand also keine wirkliche Gefahr. Es ging ja nicht um seinen Job. Und trotzdem spürte er, wie die ganze Geschichte ihn aus der Balance brachte.

Balance ist Präzisionsarbeit

Das Bild des Seiltänzers ist treffend: Balance ist eine Frage des genauen Ausgleichs. Ein bisschen Balance ist wie ein bisschen schwanger. Und ein bisschen aus der Balance zu sein, bedeutet, *ganz* aus der Balance sein.

Wir kennen alle diese Tage, von denen frühere Generationen sagten, man sei »mit dem falschen Fuß zuerst aufgestanden«. Auf Neudeutsch heißen sie auch »bad hair day«. Und dann liegt im Büro ein Vorstandsbeschluss zum Personalabbau im Direktvertrieb mit dem handschriftlichen Vermerk »bitte entsprechend kommunizieren«. Ja, verdammt und zugenäht noch mal! Seid ihr denn alle ...?

Wahrscheinlich sind sie nicht alle verrückt geworden. Erfahrungsgemäß geschieht so etwas selten in kollektiver Einmut. Ist es nicht vielmehr so: Wenn einem Einzelnen ganz verschiedene Dinge völlig unabhängig voneinander zuwiderlaufen, liegt es dann nicht wahrscheinlich an ihm selbst? Warum lassen wir es zu, dass uns im (Management-) Alltag immer wieder tausend kleine Dinge aus dem Gleichgewicht bringen und wir so den Blick und die Kraft für die großen Dinge verlieren?

Multitasking – aus der Tugend eine Not gemacht

Das Zauberwort heißt Multitasking. Und es ist ein böser Zauber. Moderne Manager werden von einer ganzen Palette verschiedenster Probleme bestürmt. Und das jeden einzelnen Tag. Es wird von ihnen erwartet, dass sie diese Probleme alle gleichzeitig jonglieren, bis sie zielsicher in die Lösungskiste sortiert werden können. Viele Manager werden diesem Anspruch auf bewundernswerte Art und Weise sogar sehr oft gerecht. Mit nahezu traumwandlerischer Sicherheit balanciert der »Chief Financial Officer« Zahlen und Etatposten. Probleme werden so lange in der Luft gehalten, bis sich irgendwo eine Etatlücke finden lässt, und dann fällt das fragliche Teilchen wie in einem Puzzlespiel an seinen Platz.

Wir bewundern solche Menschen für ihre Ruhe und ihren

Überblick und die Sicherheit, mit der sie zahlreiche verschiedene Probleme gleichzeitig managen. Wir loben sie für ihre Multitasking-Fähigkeiten. Und sicherlich ist es gut, wenn Führungskräfte angesichts einer Flut von Herausforderungen nicht den Kopf verlieren.

Das Multitasking im Management potenziert sich schon mathematisch zur Unmöglichkeit, wollen wir zu den einzelnen sachlichen Ebenen alle jene Ebenen hinzufügen, die für den gesunden und glücklichen Manager und das Erreichen eines Zieles notwendig sind: Der Manager muss sich damit persönlich wohl fühlen. Seine Gesundheit und sein soziales Umfeld sollten nicht leiden. Der negative Einfluss auf andere sollte so gering wie möglich gehalten werden.

»Ich kann mich doch nicht zerreißen!« – Dieser verzweifelte Hilferuf ist oftmals angebracht. Denn Manager müssen sich tagtäglich mit einer überwältigenden Zahl von Detailfragen und überraschenden Problemen beschäftigen und bewegen sich zudem auf unterschiedlichen Handlungsebenen. Da sind es dann vor allem die Gewissenhaften, die nicht »Fünfe gerade sein lassen« können und die sich buchstäblich zerreißen, bis sie mit einem Burnout-Syndrom ausfallen.

Belastung verändert das Gleichgewicht

Die meisten Manager suchen sich für diesen Stress im Berufsleben einen »Ausgleich«. Sie treiben Sport, machen Musik, reisen oder entspannen sich bei anderen Aktivitäten. Das kann durchaus wichtig sein. Eines wird dabei indes oft vergessen: Auch diese »Ausgleichssportarten« bedeuten einen physischen, geistigen und seelischen Input. Der Manager erhält somit noch weitere kleine Gewichte, die es zu balancieren gilt. Und so wird, was anfangs Erleichterung ist, oft nur zur zusätzlichen Belastung. Immer wieder kommt es noch schlimmer: Die Freizeitbeschäftigung als »Belohnung« wird zur Zwangshandlung. Der eine wird zum »Joggaholic« und opfert zugunsten immer größerer Lauferfolge die eigene Gesundheit und seine sozialen Beziehungen. Andere gefährden sich durch gesundheitsschädliche oder gefährliche Extremsportarten. Und wieder andere riskieren durch eine beinahe krankhafte »Jagd« nach dem anderen – oder, je nach Präferenz, demselben – Geschlecht Familie und Partnerschaft.

Der Manager, der sich selbst managen will, muss sich klarmachen, dass jeder Input eine zusätzliche Information bedeutet. Jede Information, die verarbeitet wird, ist eine Belastung für den Arbeitsspeicher. Und jede auch noch so kleine Belastung ist ein Gewicht, das balanciert werden muss.

Aikido – die Kunst der Vertikalität

Im Aikido und in allen anderen Kampfkünsten gibt es dieses Problem auch: Wie halte ich angesichts des Angreifers meine Balance? Wie sichere ich meinen stabilen Stand gegen Kräfte, die darauf gerichtet sind, ihn mir zu nehmen? In Balance zu sein ist auch für den Aikidoka eine zentrale Herausforderung.

Philippe ist Franzose und nennt diese Balance »verticalité«. Es ist wahrscheinlich das am häufigsten benutzte Wort in seinen Lehrstunden. Vertikalität. Dieses Konzept ist nicht nur im Aikido wichtig. Auch in anderen Kampfkünsten wie beim Tai-Chi und zum Beispiel beim Yoga ist dieses Prinzip grundlegend. Der Grundgedanke ist dabei eine Achse, die senkrecht durch den menschlichen Körper verläuft – von der Schädelmitte bis zum Beckenboden.

Wenn diese Achse vertikal, also senkrecht steht, hat der Körper die perfekte Balance. Im Aikido und im Schwertkampf schaffen es Meister wie Philippe in praktisch jeder Situation, diese Achse senkrecht zu halten. Wenn diese vertikale Achse als Körpermitte gefunden ist, kann der Aikidoka agieren, ohne selbst aus dem Gleichgewicht zu geraten. Aus der vertikalen Haltung ergibt sich ein Aktionsbereich vor dem Körper, in dem relativ mühelos die meiste Kraft mobilisiert werden kann. Und das ohne große Muskelanspannung. Bei fast allen Aikido-Techniken wird der Angreifer aus diesem Zentrum heraus kontrolliert. Die vor dem Körperschwerpunkt agierenden Arme können dabei ihre Kraft maximal entfalten. Der Aikidoka bleibt vertikal, und die Kräfte wirken entlang seiner senkrechten Achse. So wird ihn selbst massive Gegenwehr des Angreifers nicht aus dem Gleichgewicht bringen.

Dieser Aktionsbereich ist eben *kein* Aktions*radius*. Markiert man analog einen »Radius« um diese Figur, wird sehr schnell klar: Die Reichweite wird zwar größer, der Aikidoka könnte mehr Punkte erreichen. Aber sobald von dort eine Kraft auf ihn wirken würde, brächte ihn diese aus der Achse und aus dem Gleichgewicht.

Vom Aktionsradius zum Aktionsfokus

Manager sind Aktionsmenschen. Ihre Fähigkeit, jede Herausforderung anzunehmen, ist oft ihre stärkste Tugend. Sie verdienen sich damit die Bewunderung und Anerkennung ihrer Mitarbeiter – und zwar zu Recht. Aber: Die Fähigkeit, »zuzupacken«, ist eben nicht nur eine Manager-Tugend, sondern auch des Managers schlimmste Not: Dass ich jedes Problem in meinem Aktionsradius anpacken kann, bedeutet noch lange nicht, dass ich in diesem Augenblick dafür richtig aufgestellt bin. Im Gegenteil: Der Manager muss sich einem Problem so zuwenden, wie sich der Aikidoka einem Angreifer zuwendet, will er die eigene Kraft möglichst effektiv und mühelos wirken lassen. Jeder Krafteinsatz außerhalb des optimalen Bereiches bedeutet eine Verschwendung von Energie. Er ist damit unwirtschaftlich. Das Schlimmste ist: Er bringt den Akteur aus der Balance.

Leider dürften die meisten von uns das Phänomen aus ihrem eigenen Alltag kennen: Kaum eine Arbeit bleibt ununterbrochen. Vor allem die Segnungen der modernen Kommunikationstechnik haben es fertiggebracht, uns praktisch permanent abzulenken. Wir nennen das natürlich nicht so, sonst müssten wir das Handy ja auch »mobiles Ablenkungsgerät« nennen. Aber es wirkt so!

Es lässt sich kaum zählen, wie oft Roberts Coachings von »Das ist wichtig«-Anrufen unterbrochen werden. Manager mit großen Stäben, Sekretariaten und anderen Unterstützungsapparaten sind so immer wieder Opfer eines Störfeuers aus den eigenen Reihen. Es ist ja nicht die Konkurrenz, die sich da meldet, um den Manager von der Arbeit abzulenken. Es sind die eigenen Leute. In sehr persönlichen und intensiven Trainings-Sitzungen sind solche Unterbrechungen ein störender Bruch. Der Manager wird nicht nur durch einen fünfminütigen Telefonanruf abgelenkt. Er bekommt auch inhaltlichen Input aus einer völlig anderen Richtung. Und das lässt ihm nur noch zwei Möglichkeiten: Er managt die neue Thematik »en passant« – also im Vorbeigehen –, ohne sich vom Kurs abbringen zu lassen. Er wird dann entweder abgelenkt oder er übergibt das Problem an einen Mitarbeiter. Oder er widmet sich dem neuen Problem und führt es einer Lösung zu. Möglichst indem er einen Mitarbeiter instruiert, wie damit umzugehen ist.

Führungskräfte handeln meist nach der ersten Methode, dem Prinzip »Action now!«. Der Manager wendet sich dem neuen Problem nur so weit zu, bis er es erkannt hat. Anschließend ordnet er es in der Regel in ein Handlungsraster ein und reagiert entsprechend. Von außen betrachtet, sieht das ziemlich zackig aus: Störung – Wahrnehmung – Reaktion. Fertig! Dieses Handlungsmuster hat jedoch zwei Haken.

Unter den beschriebenen Umständen kann die Reaktion des Managers nicht so zielführend sein, wie wenn er sich einem Problem wirklich zuwenden würde. Die Wahrscheinlichkeit einer sinnvollen und abschließenden Problemlösung geht schlimmstenfalls gegen null. Der Manager wird zudem den Inhalt der Störung für sich selbst nicht abgeschlossen haben. Er wird die nächsten Minuten – vielleicht sogar Stunden – damit verbringen, über die neue Herausforderung weiter nachzudenken. Er wird die sorgfältig abgewogene Entscheidung, für die er sich keine Zeit genommen hat, gedanklich nachholen. Entweder das Coaching oder die Lösung des neuen Problems wird nicht mit maximaler Effizienz geschehen. Im schlechtesten Fall leiden sowohl das Coaching als auch die Problemlösung, weil der Manager mit seiner Aufmerksamkeit zwischen den beiden Aufgaben hin und her pendelt.

Wird diese Art zu arbeiten nur konsequent genug umgesetzt, dann gleicht der Manager bald einem Kind, das einen leichten Abhang hinunterläuft. Das Kind muss immer schneller laufen, um den Abtrieb, den die Schwerkraft erzeugt, zu kompensieren. Alle Eltern kennen dieses Phänomen, meist als verzweifelte, weil hilflose Beobachter. Der Fall des Kindes ist vorprogrammiert. Der Schrei klingt schon in den Ohren, während die kleinen Füße noch übers Pflaster oder den kleinen Hügel trampeln. Die meisten Kinder lernen aus dieser Erfahrung. Viele Manager nicht. Diejenigen, die nicht lernen – Manager wie Kinder –, erkennt man daran, dass sie sich gelegentlich blutige Nasen holen.

Die zweite beschriebene Methode, auf eine Unterbrechung zu reagieren, ist nicht perfekt, aber die sinnvollere. Der Manager unterbricht tatsächlich die Sitzung mit dem Coach und wendet sich der neuen Herausforderung zu. Er konzentriert sich voll und ganz darauf, diese möglichst effektiv zu meistern. Er schließt diese Aufgabe ab und wendet sich dann wieder seinem Coach zu. So wurde er zwar unterbrochen und wichtige und teure Beratungszeit ging verloren, aber die Sache ist abgeschlossen und der Manager wird wahrscheinlich keinen weiteren Gedanken an die Störung verwenden. Er kann sich wieder ganz seinem Coaching widmen.

Beide Möglichkeiten führen zu einem Energieverlust, oftmals ohne dass Aufgaben optimal erledigt wurden. Die Lösung für solche Situationen liegt in einer eindeutigen Fokussierung. Das heißt: Der Manager widmet sich ganz einer Sache. Andere Dinge warten. Ist die eine Sache absolviert, zum Beispiel die Sitzung mit dem Coach, dann geht es an die nächste Herausforderung. So kann der Manager stets seine Energie auf die anstehende Aufgabe ausrichten.

Ähnlich verhält es sich mit den inhaltlichen Herausforderungen des Manager-Alltages. Manager, die neue Aufgaben fokussiert angehen, setzen ihre Kraft optimal ein.

Ein begeisterndes Beispiel für die Fähigkeit zur Fokussierung ist Amadeo Rahmann. Der Deutsch-Ägypter ist CEO von Mondia, einer Beratungs- und Investmentfirma in Dubai mit weltweiten Firmenbeteiligungen in Milliarden-Dollar-Höhe. Rahmann hat selbst nur eine Handvoll Mitarbeiter, mit denen er direkt zusammenarbeitet. Er hat keinerlei Stab, abgesehen von den Mitarbeitern in seinem Büro in Dubai. Zusätzlich führt er das Hamburger Unternehmen MondiaMedia. Zwei Blackberrys sind oft die einzigen Begleiter auf seinen weltweiten Reisen. Er ist ein dauernd Arbeitender, der oft nachts um halb drei Uhr aufsteht und mit der Arbeit beginnt. Aber er ist kein Workaholic, denn er arbeitet nicht zwanghaft.

Robert hatte die Gelegenheit, Amadeo Rahmann für einen wichtigen Rede-Auftritt in Deutschland vorzubereiten. Das beinhaltete tagelange Kasernierungen in verschiedenen Hotels, bei denen immer wieder Anwälte, andere Berater und Mondias Direktoren anwesend waren. Immerhin ging es um eine komplizierte und öffentlichkeitswirksame Firmenübernahme durch Mondia und eine Investorengruppe aus Abu-

Dhabi. Trotz der vielschichtigen Problemlagen gelang es dem Chairman über Tage hinweg, während der Sitzungen mit Robert hundertprozentig konzentriert zu bleiben. Die Blackberrys piepten insistierend und hopsten mit ihrem Vibrationsalarm ungeduldig über die Konferenztische. Doch sie wurden ignoriert. Und am Ende stand ein verblüffendes und für alle Beteiligten erfolgreiches Ergebnis.

Während dieses Arbeitsprozesses wurden die Sitzungen gelegentlich unterbrochen, jedoch immer geplant und vollständig. Zu einem vorher bestimmten Zeitpunkt unterbrach Herr Rahmann die Arbeit mit Robert und widmete sich anderen Problemen. Er traf Anwälte und Notare, beriet sich mit seinen Direktoren. In diesen Zeiten verschwendete er keinen Gedanken an die Arbeit an seinem öffentlichen Auftritt. Wenn er jedoch zu den Sitzungen mit Robert zurückkehrte, war er wieder hundertprozentig darauf konzentriert. Es war eindrucksvoll zu sehen, wie ein einzelner CEO ein weltweites Unternehmen führen kann, tausend Details beachtet und doch voll fokussiert bleibt.

Übrigens: Das Ziel, fokussiert zu bleiben, bedeutet nicht, wie eine Dampfwalze ohne Blick nach rechts oder links auf jede Herausforderung loszurollen. Im Gegenteil. Notwendig sind vielmehr die im ersten Kapitel beschriebenen Kreisbewegungen. Die Energie für diese Bewegungen kommt aus der eigenen Mitte.

Die richtige Distanz bestimmt das Gleichgewicht

Im Aikido gilt eine Regel: Das eigene Gleichgewicht bestimmt auch die Distanz zum Angreifer. Im übertragenen Sinne sollte auch das Gleichgewicht des Managers entscheidend dafür sein, was und wen er wie nah an sich heranlässt.

Das Bild des Seiltänzers ist auch im Zusammenhang mit der notwendigen Distanz treffend. Würde der Seiltänzer ein Gewicht genau auf seiner vertikalen Achse tragen – wie Frauen in manchen Gegenden der Welt auf dem Kopf Wasserkrüge vom Brunnen nach Hause tragen –, er würde kein bisschen aus dem Gleichgewicht geraten. Nähme er das Gewicht in die Hand, würde es schwierig für ihn werden, es auszubalancieren. Streckte er gar die Hand mit dem Gewicht weit aus, müsste er sich schon verbiegen, um seine Balance noch zu halten. Der Seiltänzer wird also immer um die nötige Distanz aller jener Dinge bemüht sein, die seine Balance beeinflussen.

Die sicherste Methode, den Seiltänzer vom Seil und geradewegs in die ewigen Seiltänzerjagdgründe zu befördern, ist, ihm etwas zuzuwerfen. Versucht er es zu fangen, macht er eine kurze und fatale Flugstunde. Nur wenn er den zugeworfenen Gegenstand ignoriert, wird er sicher an seinem Ziel ankommen.

Das Bild des abstürzenden Seiltänzers lässt sich mit der Realität von Managern vergleichen, die sich ablenken lassen, oder besser: die Ablenkungen zulassen. Ein Manager kann sich – wie der Seiltänzer – um die richtige Distanz bemühen. Welche Einflüsse dürfen wann an ihn heran? Diese Frage wird ironischerweise gerade bei Top-Managern oft delegiert. Dann sind es persönliche Assistenten und Büroleiter, die entscheiden, welches Gewicht der Mann auf dem Drahtseil wann in die Hand nimmt. Sie wissen nicht, worauf er gerade fokussiert ist. Und sie haben eventuell auch noch eine eigene Agenda.

Es birgt eine gewisse Ironie, dass jeder Facharbeiter für sich beanspruchen darf, dass man ihn seine Arbeit erledigen lässt, ohne ihn fortwährend mit etwas Neuem zu konfrontieren. Jeder gute Werksleiter stellt sicher, dass seine Mitarbeiter den Freiraum haben, ihre Arbeit zu tun, und dass sie vor Ablenkungen geschützt sind. Es ist schließlich das Prinzip der

Arbeitsteilung, dass jeder das tut, was er oder sie am besten kann.

Sind Manager wirklich von dieser Regel ausgenommen, nur weil von ihnen so viel erwartet wird? Das klingt wie eine rhetorische Frage, die klar mit »nein« zu beantworten wäre. Aber in der Realität sieht es leider anders aus. Manager dürfen nach Herzenslust gestört, abgelenkt und umgeleitet werden. Und die meisten von ihnen geben sich widerstandslos diesem Schicksal hin.

Das ist eine gefährliche Falle – gefährlich für die Manager, ihre Unternehmen und letztendlich auch für die Gesellschaft, in der diese Unternehmen eine wichtige Rolle spielen. Durch die »Entmündigung« von Managern, die oft freiwillig geschieht, schaffen Stäbe und Einzelne ihre privaten Machtbereiche: »Mini-Scheichtümer« im Unternehmen, in denen die eigentliche Führungskraft zur Ausführungsinstanz reduziert wird.

Issue-Management ist effektiver als Zeitmanagement

Warum sind Manager bereit, diesen so wichtigen Aspekt ihrer Arbeit aus der Hand zu geben? Kaum ein Manager würde zugeben, dass er das tut. Aber es geschieht, und zwar meistens schleichend. Die »undichte Stelle« liegt in der Einteilung der Zeit. Persönliche Mitarbeiter, die nicht jede Managementaufgabe verstehen müssen, teilen die Zeit der Führungskraft ein. Das ist so, als würde die Pflegeschwester im Krankenhaus den Fahrplan für eine große und komplizierte Operation festlegen. Im Management-Alltag wird die Zeit zumeist nach logistischen Gesichtspunkten eingeteilt. Die Frage, wer wann wo sein kann, regiert die meisten Terminkalender. Implizit entsteht die universelle Erwartungshaltung, dass der Manager jede neue Herausforderung, die daherkommt, sozusagen »on the run« bewältigt. Oder anders ausgedrückt: Der Manager soll mangelnde physische Mobilität seiner Gesprächs- und Geschäftspartner durch höhere mentale Mobilität ausgleichen. Dem sind Grenzen gesetzt.

Wie bereits beschrieben, entstehen so Energieverluste. Einzelne Themen werden erst einmal nur weitergespielt, kommen später wieder und brauchen dann noch mehr Aufmerksamkeit. Andere Themen stellen sich schon kurze Zeit später als irrelevant und als komplette Zeitverschwendung heraus. Und die schlimmste Variante: Ein tatsächlich dringendes, neues Thema bekommt vom Manager nur beiläufige Beachtung geschenkt. Es kommt zu teuren Fehlentscheidungen.

Viele von Ihnen werden an diesem Punkt seufzen: »Ja, aber manchmal ist einfach nicht die Zeit ...!« Es gibt Management-Gurus, die die Lehre der Dringlichkeit predigen. Diese sehen die Handlungsoptionen von Managern durch Dringlichkeiten bestimmt. Doch damit beschreiben sie das Symptom des Problems, nicht die Lösung. Viele Manager fragen immer wieder nach Tipps und Tricks, wie sie ihre Zeit besser managen können. Klar, denn Zeit scheint eindeutig ihre knappste Ressource zu sein. Jeden Tag ist sie knapp. Wie sehr sich arbeitende Menschen auch abhetzen, die Zeit läuft ihnen trotzdem davon. Diese Mühe ist vergleichbar mit der des Kindes, das bergab läuft.

Es gibt tausend Ratschläge, wie Manager ihre Zeit effektiver nutzen können. Sie sollen hier nicht näher erörtert werden. Zeitmanagement ist vergleichbar mit dem Vorhaben, mit einem technisch unterlegenen Auto an einem Formel-Eins-Rennen teilzunehmen, um anschließend mit einem Computermodell den perfekten Rennverlauf zu errechnen. Das mag einen Effekt zeigen, aber effektiv ist es deshalb noch lange nicht. Wie wäre es mit einem perfekt eingestellten und sich in Top-Form befindenden Vehikel? Das wäre im übertragenen

Sinne und im konkreten Fall der gesunde und glückliche Manager.

Es geht tatsächlich nicht um Zeitmanagement. Das Ziel ist vielmehr Aufmerksamkeits-Management. Manager sollten – und sei es nur aus Gründen der Effektivität – ausgeglichen sein, wenn sie arbeiten. Nur dann werden sie ihr volles Potential erreichen können.

Wichtig für die Balance und damit die optimale Performance des Managers ist deshalb vor allem die Frage: Was will ich tun? Was ist zu diesem Zeitpunkt das Wichtigste? Wenn diese Frage einmal eindeutig beantwortet ist, muss sich der Manager für eine bestimmte Zeit ganz diesem Thema widmen können. Wenn das Prinzip »Dringlichkeit« auf diese Frage begrenzt bleibt, kann er seine Energie optimal einsetzen. Und erst dann beschäftigt er sich mit dem nächsten Thema. Diese Art des Issues-Managements ist effektiver als das pfiffigste Zeitmanagement. Es bedeutet ja nicht, dass Sie sich Ihre Zeit nicht einteilen würden. Der Manager ordnet vielmehr die Zeit präziser zu und hält sich auch an diese Zuordnung.

Zur erfolgreichen Umsetzung des Issues-Managements sind mehrere Dinge unablässig: Es muss Zeit für die regelmäßige Überprüfung der Issues und der mit ihnen verbrachten Zeit eingerichtet werden. Sinnvoll ist ein wöchentlicher Check der Themenliste: Was ist neu? Was ist erledigt? Und was ist dringlicher geworden? Die diesen Aufgaben entsprechende Zeit wird eingeteilt. Die direkten Mitarbeiter des Managers müssen wissen, welche die Issues sind, welche Bedeutung sie haben und dass diese Themen in der für sie vorgesehenen Zeit absolute Priorität haben.

Viele Manager wünschen sich, sich einfach mal ungestört mit einem Thema beschäftigen zu können. Dann tun Sie es doch! Ihren einzelnen Herausforderungen können Sie sich besser stellen, wenn Sie auf längere Strecken an ihnen arbeiten, sich ihnen zuwenden und sie so mit mehr Kraft und Energie meistern. Etwas Wichtiges zu unterbrechen, damit etwas anderes nicht liegenbleibt, ist dagegen Energie- und Zeitverschwendung. Der moderne Manager hetzt von Termin zu Termin. Und noch schlimmer: Er springt in einem halsbrecherischen Tempo von einer Thematik zur anderen. Das macht in der Regel den Eindruck höchster Effizienz und Leistungsfähigkeit. Aber es ist oft nur eine optische Täuschung. Das Gefühl von Geschwindigkeit in kleinen und ständig unterbrochenen Arbeitseinheiten ist subjektiv und im Zweifelsfall eher Ausdruck des Gehetztseins des Managers.

Ein kluger Kopf hat einmal gesagt, es sei ein Merkmal von Sklaven, jederzeit verfügbar zu sein. Führungskräfte sollten sich da nicht freiwillig einsortieren. Schalten Sie Störquellen aus! Die meisten von ihnen haben einen Ausschalter. Bei Handys ist es normalerweise die rote Taste. Anderen kann man einfach klar sagen, dass sie einen verdammt guten Grund brauchen, um zu stören. Das ist sowohl für die Balance des Managers als auch für seine Gesprächspartner wichtig.

In Roberts bereits erwähntem Interview mit James Baker, dem ehemaligen US-Außenminister und Stabschef im Weißen Haus, sagte dieser über Präsident Reagan: »Er gab jedem, dem er begegnete, das Gefühl, der einzig wichtige Mensch in diesem Moment zu sein.« Können Sie sich vorstellen, welche zusätzliche Energie Sie durch Fokussierung auch bei Ihren Partnern freisetzen können?

Die Übung des Sensei: Mitte finden, Mitte nutzen

Nehmen Sie sich einen Joghurtbecher. Öffnen Sie ihn. Halten Sie ihn mit ausgestreckten Armen so weit weg, wie es geht, vorne links vor Ihren Körper. Nehmen Sie nun einen kleinen Löffel und rühren Sie den Joghurt für drei Minuten. Schließen

Sie die Augen und achten Sie darauf, wie Ihre Arme schwer werden, Ihr Rücken sich verspannt und Ihre Bewegungen immer weniger rund werden.

Nun nehmen Sie denselben Joghurtbecher und halten Sie ihn direkt vor Ihrem Rumpf, direkt unterhalb des Bauchnabels. Schließen Sie die Augen. Rühren Sie sechs Minuten lang. Was spüren Sie?

Sie haben soeben Ihre Mitte gefunden. Falls Sie dabei gekleckert haben, ist Ihre Mitte ungefähr da, wo der Joghurtfleck ist.

Oder probieren Sie aus, was für die Frauen in vielen afrikanischen Ländern Alltag ist: Tragen Sie etwas auf dem Kopf und gehen Sie mit dieser Last so lange, bis Ihr Gang entspannter wird. Denken Sie dabei an die im vorherigen Kapitel beschriebene Haltung des Shisentai.

6

Erfolgskultur statt Gewinnerkultur

Der Gewinner bekommt
nicht alles

Der Fall des Sören Berlebach

Die Zahlen des letzten Quartals waren alles andere als erfreulich. Natürlich wusste jeder, dass man sich mitten in einer Wirtschaftskrise befand. Aber immerhin, die Umsatzrückgänge des Unternehmens waren geringer als die der Branche insgesamt. Glück im Unglück – oder besser: ein Pluspunkt im wirtschaftlichen Minus dieser Tage.

Doch Sören Berlebach wusste, dass dieses Argument niemanden interessieren würde. Natürlich kannten auch die Aktienhändler auf dem Parkett in Frankfurt die Gründe für das schwache Quartal. Aber es gab Geld zu verdienen. Verkaufen hieß die Devise, und da kamen die schwachen Quartalszahlen gerade recht. Der Aktienkurs des Unternehmens fiel an einem Tag um zwei Prozent. Das war ein Verlust an Unternehmenswert im dreistelligen Millionenbereich. Weg war das Geld. Zumindest rechnerisch.

Das Telefon klingelte. Es war das Büro des Vorstandsvorsitzenden. Berlebach hatte keine Lust dranzugehen. Es würde kein angenehmes Gespräch werden, das war klar.

»Berlebach, wie kommunizieren wir das?« Der Chef hatte wirklich eine Art, direkt zur Sache zu kommen.

»Ich würde vorschlagen, wir kommunizieren das, wie wir es

immer kommunizieren, wenn nichts Aufsehenerregendes zu berichten ist. Wir geben die Quartalszahlen bekannt und kommentieren sie nicht weiter.«

»Aber Berlebach. Wir haben zwei Prozent unseres Wertes an einem Tag verloren. Möchten Sie das vielleicht mal auf das Jahr umrechnen?«

»Aber das ist es doch genau. Wenn wir tun, als wenn nichts wäre, spielen wir die Sache herunter. Ich glaube, es wäre ratsam, den Ball einfach flach zu halten.«

»Nein, wir machen das anders, Berlebach. Wir können uns diesen Kursverlust schlichtweg nicht leisten. Und ich muss doch sicherlich nicht erklären, was zum Beispiel mit so Stabsstellen wie Ihrer geschieht, wenn wir übernommen werden?!« Die Drohung war unverhohlen.

Berlebach atmete tief ein. »Was schlagen Sie vor?«

»Wir kündigen einen massiven Personalabbau an.«

»Wir kündigen was?«

»Wir kündigen!«

»Einfach so?«

Der Vorstandschef schwieg für einen Moment und fragte Berlebach dann, ob es ihm möglich sei, einmal kurz zu ihm ins Büro zu kommen. Und, ja ... bitte sofort!

Als Sören Berlebach zwanzig Minuten später das Büro des Vorstandschefs wieder verließ, konnte er immer noch nicht fassen, was er da gehört hatte. Die Geschäftsführung plante, weitreichende Entlassungen anzukündigen. Von diesen Entlassungen würde aber nur ein Bruchteil auch durchgeführt werden. Der Vorstand baute darauf, dass die Aktienkurse durch die angekündigten »Effizienzsteigerungen« wieder steigen würden. Und das wäre dann bei Bekanntgabe der nächsten Quartalsergebnisse der erfreuliche Anlass, einen Teil der angekündigten Personalkürzungen wieder zurückzuziehen.

Berlebach war stinksauer. Wieder war er derjenige, der den Mitarbeitern die traurige Nachricht übermitteln sollte. Noch dazu war die Nachricht eine Lüge, die Angst und Schrecken verbreiten würde. Sören Berlebach schämte sich für sein Unternehmen.

Die Angestellten hatten angesichts der Krise einige Härten in Kauf genommen – und zwar ohne zu murren. Überstunden waren natürlich weggefallen. Dafür war in der normalen Arbeitszeit härter gearbeitet worden. Das war eine echte Effizienzsteigerung – nicht wie die kosmetische Übung des Vorstands, einfach Leute zu entlassen. Berlebach wollte diese Wortschöpfung nie einleuchten: Wenn die Entlassung von Mitarbeitern schon eine Effizienzsteigerung war, dann musste das doch heißen, dass eine Firma mit einem einzigen Mitarbeiter den Gipfel der Effizienz darstellen würde. Nicht ohne Häme fragte sich Berlebach, ob der Vorstandschef wohl dieser Letzte sein würde. Er würde dann alle Arbeit erledigen müssen. Das sprach eher dagegen, fand Berlebach. Und irgendwie klang es auch nicht nach Effizienz.

Der Vorstand hatte für sich selbst eine Win-Win-Situation geschaffen: Die Quartalsergebnisse waren besser, als es vernünftigerweise erwartet werden konnte. Die nächsten Ergebnisse würden durch die Personaleinsparungen noch besser werden. Der Gewinn würde über dem des Branchendurchschnitts liegen. Die Mitarbeiter würden die Zeche zahlen.

Der Schutz der Verlierer als moralischer Konsens

Es gibt dieses Lied von Abba, das wie eine verfrüht zur Welt gekommene Hymne der Turbokapitalisten klingt: The Winner Takes It All! Abbas Song war geradezu prophetisch. Dass der sozialdarwinistische Slogan eigentlich von den Pokertischen des Wilden Westens stammt, rundet das Bild ab, ohne es schöner zu machen.

Das Zeitalter des Shareholder-Value hat uns eine neue Mentalität gebracht; oder besser gesagt: Es hat sie uns untergejubelt. Diese Mentalität macht es beinahe selbstverständlich, dass der Gewinner so viel mitnimmt, wie er nur kann – ob das scheidende und gescheiterte Konzernchefs sind, die mit zweistelligen Millionen-Abfindungen in den vorgezogenen Ruhestand gehen, oder Hedgefonds, die aus den von ihnen gekauften Firmen so viel herausholen, dass buchstäblich nichts übrig bleibt.

Sinn und Zweck dieses Kapitels ist es nicht, über sinnvolle Ausmaße der Habgier oder über notwendige Limitierungen der Marktkräfte zu urteilen. Diese Urteile werden im politischen Raum jeden Tag neu gefällt, und das macht sie weder origineller noch richtiger.

Dies ist ein Buch, das Managern helfen soll, glücklich und erfolgreich zu sein. Die Frage ist deshalb nicht, ob der Gewinner alles mitnehmen *darf*, sondern ob es für ihn *klug* ist, so zu handeln. Macht es uns glücklich, auch den letzten Prozentpunkt Profit noch herauszuholen?

Doch fangen wir vorne an: Wer ist eigentlich ein Gewinner? Und müssen Menschen nicht rücksichtslos vorgehen, um in einem extrem starken Wettbewerb überhaupt zu überleben, geschweige denn als Gewinner aus ihm hervorzugehen? Heißt das letztendlich vielleicht, dass das Glück von Managern zwangsläufig auf Kosten anderer gemehrt wird? Das sind keine besonders philosophischen Fragen. Im Gegenteil. Es gibt wohl kaum einen Manager, der sich diese Fragen nicht schon häufiger gestellt hat. Nur die Antworten und die Beweggründe variieren.

Es ist eine kulturell verwirrende Geschichte: In unserer Marktwirtschaft hat sich zunehmend ein Handlungsmuster etabliert, nach dem die Gewinner grundsätzlich den maximalen Gewinn mitnehmen. Und sie tun das ohne Rücksicht auf den möglichen Verlust von Arbeitsplätzen oder Privatvermögen, soziale Verwerfungen oder auch von persönlichem Ansehen. Immerhin haben alle moralischen Instanzen zivilisierter Kulturen Regeln der unterschiedlichsten Art aufgestellt, um Schwächere und Unterlegene vor der Ausnutzung durch die Stärkeren zu schützen. Alle Weltreligionen, die Natur und selbst einfachste Stammeskulturen verpflichten die Stärkeren und die wirtschaftlich oder militärisch Überlegenen zum Schutz der Schwächeren und Unterlegenen. Historische Ausnahme-Zeiträume und gelegentliche rechtsfreie geographische Räume bezeichnen wir zu Recht als Barbarei. Der Schutz der Schwächeren und Unterlegenen ist eines der Markenzeichen zivilisierter Gesellschaften. Er ist vor allem auch Grundlage für jeglichen moralischen Konsens in der Gesellschaft.

Miteinander gewinnen statt gegeneinander verlieren

Es gibt ein altes chinesisches Sprichwort, das sagt: Ein Gegner, den du besiegst, wird dein Feind. Ein Feind, den du überzeugst, wird dein Freund. In Zeiten immer stärkerer Vernetzung scheint diese jahrhundertealte Weisheit von zunehmender Bedeutung zu sein. Es gibt ein paar Grundprämissen, unter denen alle produktiven Teilnehmer unserer Wirtschaft in die Zukunft der nächsten paar Jahre und Jahrzehnte gehen: Das Arbeiten wird immer vernetzter. Es gibt extrem beschleunigte Veränderungsprozesse. Lebenslanges Lernen wird zur Grundvoraussetzung für den Erfolg von Unternehmen und Individuen. Lineare Karrierepfade werden zunehmend zur Ausnahme.

Das bedeutet verstärkt, dass der Sieg von heute kein endgültiger Triumph sein kann. Bestenfalls ist er ein Etappensieg. Er ist lediglich der Hintergrund, vor dem der morgige

Wettbewerb stattfindet. Der Besiegte von heute könnte morgen schon ein möglicher Alliierter sein. Oder gar ein Partner. Oder ein Vorgesetzter. Der Verlierer von heute könnte auch als Sieger aus der nächsten Konfrontation hervorgehen. Es scheint somit schon aus taktischen Gründen ratsam, sich unterlegene Gegner nicht zum Feind zu machen.

Das ist kein neues Denken. In vielen Ländern Asiens zum Beispiel gibt es eine ausgeprägte Kultur des »Gesichtwahrens« und der offenen Hintertüren. Auch jemand, dessen Niederlage gewiss ist und der faktisch in die Ecke getrieben ist, bekommt die Gelegenheit für einen Ausweg ohne Gesichtsverlust. Es wäre unehrenhaft, ihm diese Möglichkeit nicht zu geben. Selbst der gerechte Zorn des Siegenden über einen Missetäter wird sich da nicht in vernichtenden Gesten äußern. (Dies sei gesagt mit der Maßgabe, dass es überall Ausnahmen gibt und dass auch zum Beispiel die Japaner für unbändige Grausamkeiten stehen. Man denke nur an das Massaker von Nanking.)

Dieses Denken liegt vor allem in der Religion begründet. Der in vielen Teilen Asiens prägende Buddhismus lehnt moralische Verurteilungen ab. Es gibt nicht Schwarz und Weiß oder Richtig und Falsch als absolute Kategorien, um Mitmenschen und ihr Handeln einzuordnen. Im Gegenteil: Für Buddhisten ist alles, was geschieht, Ergebnis des zuvor Geschehenen.

Was wir heute tun, wird morgen Konsequenzen haben – nicht als Strafe oder Sanktion, sondern als Fortsetzung des Heute. Wenn wir heute Hass säen, wird dieser Hass schon morgen unsere eigene neue Gegenwart gestalten. Wir schädigen uns also selbst.

Zusammenfassend gibt es also zwei Aspekte, unter deren Berücksichtigung es sich eigentlich im eigenen Interesse verbietet, Gegner vernichtend zu schlagen: Erstens könnte der Verlierer von heute der Gewinner von morgen sein. Zweitens führt das mit negativen Emotionen besetzte Beenden eines Konfliktes dazu, dass diese negativen Emotionen unsere Zukunft prägen.

Wir verdienen es nicht, rücksichtslos zu sein

Vor einigen Jahren führte Robert ein langes Fernsehinterview mit der US-amerikanischen Ordensschwester Helen Prejean. Sie saßen mitten in einem der Slums von New Orleans auf der zerfallenen Terrasse des Ordenshauses mit dem bezeichnenden Namen »Hope House«, also Haus der Hoffnung. Schwester Helen hatte gerade ihr Buch *Dead Man Walking* veröffentlicht, und es war sofort zum Bestseller geworden. Sean Penn und Susan Sarandon arbeiteten zu diesem Zeitpunkt gemeinsam mit Schwester Helen an der Verfilmung. Das Buch und später auch der Spielfilm sorgten für eine neue und ausführliche – wenn auch politisch noch ergebnislose – Debatte über die Todesstrafe in den USA.

Dieses erste Gespräch fand noch ohne die oft störende Gegenwart der Kamera statt, und es war sehr persönlich. Robert hatte das Staatsgefängnis von Louisiana besucht, in dem das Buch und der Film spielen. Er berichtete Schwester Helen seine Eindrücke von den Todeskandidaten, die er dort kennengelernt hatte. Es waren teilweise Männer von unglaublicher Brutalität, die sich grausamster Verbrechen schuldig gemacht hatten.

Schwester Helen gab ihm recht. Ja, viele dieser Männer seien wahrscheinlich böse und schlimmer Verbrechen schuldig. Manche brüsteten sich sogar mit ihren blutrünstigen Taten. »Aber die Frage ist doch nicht, ob sie es verdient haben, zu sterben«, sagte Schwester Helen. »Die Frage ist, ob wir es verdient haben, sie zu töten!«

Es gibt Schlüsselsätze im Leben eines Menschen. Oft sind

es sogar nur beiläufig gesagte Worte, die einen profunden Effekt haben. Sie können in den gelegentlichen Dunkelheiten, Nebeln und Stürmen des Lebens wie Leuchttürme wirken. Für Robert war dieser Satz der Ordensschwester prägend. Was wir tun, wirkt sich in erster Linie auf uns selbst und unser eigenes Leben aus; wir müssen damit leben.

Niemand muss ein barmherziger Samariter, ein weichgespülter Gutmensch oder verträumter Sozial-Robin-Hood sein, um seinen Gegnern mit Rücksicht und Respekt zu begegnen. Der »vernichtende Sieg« wirkt sich langfristig oft vernichtender auf den Sieger als auf den Verlierer aus. Vernichtete Verlierer werden zu Märtyrern. Vernichtende Sieger tragen Namen wie Pontius Pilatus.

Die Menschheitsgeschichte ist durchdrungen von gescheiterten Versuchen, wirklich vernichtende Siege davonzutragen. Dschingis Khan, Napoleon und Julius Cäsar waren letztendlich Verlierer. Und die geistigen Väter des »Endsieges« und der »Endlösung« als Gipfel der Gnadenlosigkeit gelten heute zu Recht als die schlimmsten der Verbrecher. Die Liste ist noch länger, wird aber durch weitere Namen nicht aussagekräftiger. Sie alle belegen: Wenn der Gewinner alles haben will, wird er am Ende nichts bekommen.

Jeder Versuch, alles zu bekommen, wird in Frustration und Unglück enden. »Alles« ist ein unendlicher Begriff. Man kann nicht alles besitzen, nicht gegen alle gewinnen und nicht alle Probleme lösen. Und wer es versucht, wird Hass in seinem eigenen Herzen säen. Das ist kein Weg zu Glück und Erfolg.

Das sind die wichtigsten pragmatischen Gründe, warum auch Manager eine Kultur der Rücksicht, des Respekts und der Bescheidenheit etablieren und pflegen sollten: Es gibt keinen Sieg über den Sieg hinaus. Wer noch mehr will, wird verlieren. Jeder Sieg ist ein Erfolg in diesem einen Moment – nicht mehr. Sind wir nicht vorsichtig, kann er sich morgen schon als Pyrrhussieg herausstellen. Das Beschriebene betrifft den Manager direkt, es ist in seinem Interesse. Es gibt jedoch noch einen weiteren Grund, Gier und Ungnade zu vermeiden, der die Grundfesten unseres Selbstverständnisses betrifft.

Verantwortung ist das Alleinstellungsmerkmal von Managern

Was unterscheidet einen Manager von einem Facharbeiter, die Managerin von der Sekretärin – die Krawatte, der Dienstwagen, das deutlich höhere Einkommen? Was ist es, was Sie als Manager von anderen abhebt? Haben Sie Ihre Privilegien, das höhere Gehalt und die kreative Freiheit nur, weil Sie irgendwann mal gewonnen haben und alles mitgenommen haben, was irgendwie mitzunehmen war? Oder ist da mehr, was für Sie als Manager spricht? Das klingt erst einmal wie eine Reihe von rein rhetorischen Fragen – Fragen also, deren Antwort ganz selbstverständlich ist. Aber sind die Antworten wirklich für alle so klar und eindeutig und selbstredend?

Adel verpflichtet

Philippe ist Franzose und er nennt das, was dem Beschriebenen zugrunde liegen sollte, »noblesse«; ein Begriff, den wir auch im Deutschen benutzen. »Noblesse« heißt direkt übersetzt »Adel«, und Adel – so wird oft gesagt – verpflichtet. Damit mag mal irgendwann der tatsächliche Adelsstand gemeint gewesen sein. Der Begriff hat jedoch schon lange eine Bedeutung, die uns alle angeht: Die Führungseliten des Managements sind der Adel des 21. Jahrhunderts. Das hohe Einkommen und die kleinen Alltagsprivilegien sind zwar die Regalien dieses modernen Adels, sie rechtfertigen jedoch nicht dessen Stand.

Der »professionelle Adel« des 21. Jahrhunderts muss seine Privilegien durch ein verantwortungsvolles *leadership* rechtfertigen. Zum *leadership* gehört die Anhebung des allgemeinen Wohlstands, nicht nur des eigenen. Dies ist die Grundidee einer freien und gleichzeitig sozialen Marktwirtschaft. Diese soziale Marktwirtschaft kommt ohne eine Meinungsführerschaft, die sich nicht auf die pure Interessensvertretung dieses bürgerlichen Adelsstandes beschränken darf, nicht aus.

Wird diese Verantwortung vernachlässigt, wird es den Managern von heute wie den alten Adelsständen vor der Französischen Revolution ergehen. Sie werden noch eine Zeitlang in Angst vor der Masse ihrer Mitmenschen leben, geschützt nur durch hohe Mauern und durch Wachleute, die im Konfliktfall wahrscheinlich eher mit den Eindringlingen sympathisieren werden. Und irgendwann, wenn die Gier zu lange zu groß war, wird man den professionellen Adel des 21. Jahrhunderts aus der Stadt jagen, wie es den Adligen in der Französischen Revolution erging. Es ist absehbar, dass eine solche Entwicklung den Interessen glücklicher und erfolgreicher Führungskräfte deutlich zuwiderliefe. Sie wären damit weder glücklich noch erfolgreich.

Verantwortung auch gegenüber Konkurrenten

Die Notwendigkeit, Verantwortung für andere zu übernehmen, beschränkt sich nicht auf jene, die nicht das Privileg haben, zur Kaste der Manager zu gehören. Sie gilt auch für direkte Konkurrenten. In der Geschichte waren es die gnadenlosen, oft von Habgier und Machsucht getriebenen Zwistigkeiten des Adels untereinander, die immer wieder die gesamte Gesellschaft in Krieg und Verderben gestürzt haben.

Die Geschichte zeigt auch, dass letztendlich keine Gesellschaft besser lebt als ihre Eliten. Wenn diese Eliten sich in blinder Habgier oder Machtsucht gegenseitig zerfleischen, prägt dies das Leben aller. Den Eliten wird so ihre Lebensgrundlage – die Arbeitsteilung mit jenen, die von ihnen Leadership erwarten – entzogen. Die Übertragung dieser historischen Weisheit in unsere heutige Managementwelt ist nicht schwierig.

Führungskräfte müssen zudem als »gute Beispiele« die Meinungsführerschaft ergreifen. Wie soll einem Arbeiter oder einer Sekretärin erklärt werden, es sei unmoralisch, das Unternehmen zu bestehlen, wenn Mitglieder des Managements das im großen Stil tun und damit auch noch durchkommen?

Aikido – Noblesse führt zum wahren Sieg

Philippe ist ein sehr geduldiger Mensch, dem man im Dojo kaum eine emotionale Reaktion anmerkt. Er ist in der Regel völlig konzentriert auf seine Schüler. Deshalb entgeht ihm auch nicht, wenn etwas schiefläuft.

Immer mal wieder verläuft sich jemand ins Dojo, der – angezogen von dem Begriff Kampfkunst – nach etwas sucht, was es in einem Aikido-Dojo nicht gibt: eine Art »Fight-Club« für Knochenbrecher. Üblicherweise reicht die friedliche und defensive Wesensart dieser Kampfkunst aus, um jene abzuhalten, die mit Gegnern gerne etwas aggressiver umgehen möchten. Aber manchmal verläuft sich eben doch einer.

Der Mann entsprach allen Klischees von Rausschmeißern, sogenannten Sicherheitsdiensten und Hinterhof-Boxclubs. Seine Arme sollten ursprünglich wohl Beine werden, beurteilte man sie nach ihrer Leistungsfähigkeit. Für seinen Kopf schien dasselbe zu gelten, er war nur weniger behaart. Seine Haut war tätowiert. Sein Brustkorb hätte als Versteck für einen Kleinwagen gereicht. Und er sprach mit einem osteuropäischen Akzent. Kurz: Er wirkte wie die Verkörperung aller Klischees des Moskau-Inkassos. Ansonsten war er aber ganz freundlich. Bis er zupackte.

Die Kunst des Aikido besteht darin, das Gleichgewicht des Angreifers zu brechen, nicht seine Knochen. Der russische Bär packte, wahrscheinlich aus alter Gewohnheit, jedoch so beherzt zu, dass es einfach weh tat. Es kam zu einer widersinnigen Situation: Eine erfahrene Aikidoka, die den schwarzen Gürtel trägt und auch russischen Kranführern erheblich schaden kann, hatte ruckzuck die Tränen in den Augen.

Der Riese übersprang mit seiner rauen Art jenen entscheidenden Moment im Aikido, in dem der Angreifer die Wahl hat, seine Gesundheit zu gefährden oder zu fallen. Er ging sofort zum Akt des Gesundheit-Gefährdens über. Knochen knarrten, Gelenke ächzten. Es war nicht ganz klar, ob die kleinen Tränen in den Augen der Dame mit dem schwarzen Gürtel vom Schmerz kamen oder von ihrem Zorn, weil sie diesen Knochenbrecher genauso gut hätte zusammenfalten können. Es war der Geist ihrer defensiven Kampfkunst, der sie davon abhielt. Noblesse.

Den Rest erledigte Philippe. Er unterbrach die Übung. Die Schüler nahmen wieder in einer Reihe vor dem Sensei Platz. Philippe sprach kurz, aber präzise von der Verantwortung des Aikidoka für seinen Gegner und dass es unsere Aufgabe sei, sicherzustellen, dass der Angreifer durch die Defensivtechnik nicht verletzt wird. Dann ging es wieder ans Training. Der russische Bär war irgendwie enttäuscht. Er hält Aikido bestimmt für eine Weicheier-Veranstaltung. Jedenfalls wurde er nicht mehr gesehen.

Es wäre für die Aikidoka ein Leichtes gewesen, diesem Menschen zumindest eine Lektion zu erteilen. Aber hätte er etwas daraus gelernt? Fraglich! So ging der gute Mann seines Weges, wo auch immer der ihn hinführen mag. Die Aikidoka konnten in Frieden ihr Training fortsetzen.

Jeder offen ausgetragene Konflikt mit dem russischen Riesen hätte dem Geist unserer Kampfkunst widersprochen. Vergleichbar mit den die Angriffsenergie umleitenden Aikido-Bewegungen wurde auch die Aggression des Mannes durch eine geschickte Ausweichbewegung Philippes neutralisiert. Nun hält der Bär Aikidoka für Weicheier, und wir sehen in ihm den russischen Knochenbrecher. Fein. Kein Schaden entstanden. Hätte einer der anwesenden Aikidomeister den Mann durch einige sauber ausgeführte Techniken gedemütigt – wir alle hätten einen Feind mehr gehabt. Und wer braucht schon einen Feind mehr.

Für diesen einfachen und weisen Schritt ist eines jedoch unabdingbar: das Ausschalten des Egos. Das bedeutet nicht, dass das eigene Interesse vernachlässigt werden soll – denn das Ego ist nicht identisch mit dem Eigeninteresse. Das Eigeninteresse setzt sich zusammen aus der Summe der Dinge, die uns vernünftigerweise als vorteilhaft für uns selbst erscheinen. Dies können auch emotionale Dinge sein – wie der Wunsch, geliebt zu werden. Unser Ego jedoch ist eine explosive Mischung aus Empfindsamkeiten, Eitelkeiten und Begehrlichkeiten. Es ist immer ein schlechter Ratgeber.

Unsere Aikidoka mit dem schwarzen Gürtel, die den Russen trotz ihrer kämpferischen Überlegenheit verschonte, hätte auch dem Ruf ihres Egos folgen können, und der Kampf hätte ein böses Ende genommen. Mister Moskau-Inkasso wäre anschließend in seiner Bewegungsfreiheit deutlich eingeschränkt gewesen. Der eine oder andere hätte darüber durchaus auch eine gewisse Genugtuung empfunden. Aber Philippe hätte seine Schülerin dennoch gerügt. Sie hätte sich nämlich vor allem selbst etwas genommen, hätte sie aggressiv reagiert. Sie hätte sich die Gewissheit genommen, ein guter und weiser Aikidoka zu sein. Offenbar hat ihr das aber mehr bedeutet. Und das ist auch gut so.

Alle anwesenden Aikidoka hätten sich schlecht gefühlt, weil der Bär auf einmal in der Höhle eines ganzen Rudels von Löwen gelandet wäre. Er hätte doch keine Chance gehabt. Seine Niederlage wäre gewiss, seine Demütigung wahrscheinlich, unser anschließendes Bedauern sicher gewesen. So aber konnten alle in der Gewissheit weiter Aikido trainieren, diese Kampfkunst auch in ihrem Wesen und nicht nur in ihren Bewegungen auszuüben.

Dieses Wesen des Aikido ist auch heute noch revolutionär: eine Kampfkunst, die rein defensiv ist. Es gibt nur abwehrende Techniken, keine Aikido-spezifischen Angriffe. Aikidoka nehmen in Kauf, dass ihre Kunst im Vergleich zu anderen Kampfkünsten ein relatives Mauerblümchen-Dasein führt. Denn der fehlende Wettkampf im Aikido schränkt seinen Reiz als Zuschauersport massiv ein.

Managerglück und Unternehmenserfolg gehören zusammen

Von den ersten Aikidoka bis zu den Shaolin-Mönchen haben alle Kampfkünstler einen wichtigen Grundsatz gemeinsam: Du musst nicht kämpfen, um zu siegen. Der beste Kampf ist der, der nicht stattfindet.

Dieser Zusammenhang ist sehr wichtig. Da trifft sich die oben erwähnte Noblesse mit unserer Aikido-Geschichte vom rustikalen Russen. Die Aikidoka mit dem schwarzen Gürtel und den Tränen in den Augen trug Verantwortung. Obwohl ihr Ego ihr vielleicht sagte »falte den Bumskopf einfach zusammen und schieb ihn unter die Matte«, hat sie diesem Drang nicht nachgegeben. Sie war ein Teil unseres Dojo und somit für unser aller Wohlbefinden verantwortlich. Sie reagierte somit im Sinne ihrer Gemeinschaft auf die Herausforderung. Mit ihrer Reaktion hat sie den Russen nicht gedemütigt, uns alle aber aufgewertet und in den Grundsätzen unserer Kampfkunst bestätigt.

Ähnliche Entscheidungen treffen moderne Manager jeden Tag. Sie werden oft persönlich herausgefordert und angegriffen, manchmal sogar denunziert und bedrängt. Ihre Reaktion bleibt indes nie die eines Individuums. Sie ist immer die Reaktion des Unternehmens oder der Institution, die sie verkörpern. In seinen Medientrainings wiederholt Robert gegenüber seinen Teilnehmern immer wieder: »Du bist dein Unternehmen!« – vergleichbar mit dem Slogan »Du bist Deutschland« in der Kampagne zur Fußball-WM 2006.

In diesem Kontext wird das Diktum »Leadership ist das Privileg der Geführten, nicht der Führungspersönlichkeit« zu einer klaren Forderung und zu einem Bestandteil des Anforderungsprofils für jeden Manager. Wenn Manager aufhören, diese Verantwortung zu tragen, und ihr eigenes Glück und den eigenen Erfolg vom Schicksal des Unternehmens abkoppeln, entsteht ein gefährliches Vakuum. Es entsteht eine Unternehmenskultur, die für die Geführten und für die Anführer gefährlich ist, weil sie zutiefst selbstzerstörerisch ist.

Ein Feldherr, der seine Armee im Stich lässt, ist kein Feldherr mehr, sondern ein Einzelgänger. Ein Spielführer, der nicht *für* seine Mannschaft und gemeinsam *mit* seiner Mannschaft spielt, verliert die Mannschaft und das Spiel. Und ein Manager, der sein eigenes Glück und seinen eigenen Erfolg über das Glück und den Erfolg seines Unternehmens stellt, ist keine Führungskraft. Er ist im Gegenteil verführt und kraftlos.

Die Scham der Verlierer ist der Ursprung der Gewalt

Es ist eine bewusste Entscheidung, die Manager treffen müssen: Nutze ich die Aufwärtsspirale des Erfolges gemeinsam mit meinem Unternehmen, meinen Kollegen und Mitarbeitern und meinen Kunden? Oder nehme ich in Kauf, dass einer auf Kosten der anderen gewinnt? Dann kehrt sich die Erfolgsspirale um und wird zum Teufelskreis.

Vergleichbar mit Mister Moskau-Inkasso, der nach einer Demütigung nicht kampflos abgezogen wäre, schafft auch rücksichtsloses Vorgehen von Managern Angst, Aggression und Gewalt. Wer seine Gegner oder seine Mitarbeiter beschämt, drängt sie in aggressive und gewaltsame Verhaltensmuster. Forensische Psychologen berichten, dass die Scham von Verlierern der häufigste Auslöser von Gewalt ist.

Dieser Effekt – Gewalt aus Scham – setzt individuell ein; er betrifft zunächst einzelne Personen im Unternehmen. Er kann jedoch auch zu einer Epidemie werden, wenn die Fälle ungesunder, unglücklicher und fehlgeleiteter Manager zu zahlreich werden.

Es liegt in der Verantwortung von Managern, sich selbst so zu managen, dass sie den Versuchungen und Fehlleitungen ihres Geschäfts erfolgreich widerstehen können. Denn wenn sie das nicht tun, schaffen sie nicht nur Alltagsprobleme, sondern erodieren das Fundament, auf dem ihr unternehmerischer Erfolg und letztendlich ihre gesamte Gesellschaft gegründet sind.

Nicht Erfolg macht einsam – Einsamkeit macht Misserfolg

Viele Manager beklagen sich – oft nicht ohne eine Prise machohaften Stolzes –, dass der Erfolg einsam mache. Die Regel, dass es einsam sei an der Spitze, wird von einigen umgedreht. Sie sagen: Ich bin einsam, also bin ich erfolgreich. Aber der Umkehrschluss gilt nicht. Und es stimmt auch nicht, dass der Erfolg einsam machen muss. Denken Sie daran, dass das Ziel dieses Buches der glückliche und gesunde Manager ist. Wäre es zwangsläufig einsam an der Spitze, wäre dieses Ziel von vornherein zum Scheitern verurteilt.

Menschen in Führungspositionen können sich jedoch durchaus gelegentlich einsam fühlen. Dieses Gefühl entsteht vor allem in Momenten, in denen die Verantwortung wirklich da landet, wo sie hingehört: bei den Verantwortlichen. Das kann eine schwere Last sein, keine Frage. Es ist jedoch die zu tragende Verantwortung, die Führungskräfte definiert. Es ist Ihr Alleinstellungsmerkmal, wie Sie mit dieser Verantwortung umgehen. Versuchen Sie es wie ein Aikidoka: Gehen Sie auf die Herausforderung zu, nehmen Sie ihre Energie auf und leiten Sie diese in die von Ihnen gewünschte Richtung.

Manager, die sich nicht gegen Herausforderungen stemmen, sondern deren Energie aufnehmen, verändern ihre Perspektive. Sie bekommen mit dieser im Aikido üblichen Bewegung einen Überblick, den sie sonst nicht hätten. Wie ein erfahrener Aikidoka. Der Aikidoka achtet bei der Ausführung seiner Technik darauf, den Angreifer nicht auf einen anderen Übenden oder gegen ein Hindernis im Raum zu werfen. Dazu muss er überblicken, wer wo steht und wohin sich die anderen bewegen. Im übertragenen Sinne nehmen Manager genauso ihre Umgebung wahr, wenn sie ihre Verantwortung im Auge behalten. Da sind nämlich ganz viele Menschen, die von den Entscheidungen, der Umsicht und dem Verantwortungsbewusstsein des Managers abhängig sind. Dieser Rundum-Blick ist das beste Mittel gegen die Einsamkeit an der Spitze.

Die Übung des Sensei

Der sogenannte »Tai-Sabaki« ist eines der wichtigsten Elemente des Aikido und Teil jedes Aufwärmprogramms vor dem Aikido-Training. Der Tai-Sabaki ist praktisch eine 180-Grad-Drehung um die eigene Achse; ein Ausweichschritt. Bei allen am Angreifer vorbei durchgeführten Techniken wird der Tai-Sabaki eingesetzt.

Den Tai-Sabaki können Sie zu Hause üben. Als kleine Hilfestellung packen Sie mit der Hand, in deren Richtung Sie sich drehen wollen, an der Schnalle des Hosengürtels an. Ziehen Sie sich selbst an diesem Punkt herum, um die eigene Achse, dasselbe mit der anderen Hand in die andere Richtung. Wenn Sie die Drehung richtig ausführen, fühlt sich der Tai-Sabaki so an, wie sie sich als Manager wohl fühlen könnten: Sie stehen aufrecht in einer stabilen Position und sind vor, während und am Ende der Bewegung bereit, jede Herausforderung anzunehmen. Sie bekommen durch die Bewegung ein 180-Grad-Panorama Ihrer Umgebung zu sehen. Sie können die Bewegungsenergie der Drehung nutzen, den Angreifer »mitzunehmen« und zu neutralisieren.

Das beim Tai-Sabaki entstehende Gefühl und die Vorteile dieser Übung können Sie mit in Ihren Arbeitsalltag nehmen. Anstatt sich blind gegen jede Herausforderung zu stemmen, weichen Sie aus, verschaffen Sie sich einen Überblick und bestimmen Sie die neue Richtung. Das Ergebnis wird Folgendes sein: Sie setzen Ihre eigene Dynamik gegen fremde Herausforderungen durch und beziehen Ihre Umgebung in Ihre Entscheidungen und Bewegungen mit ein. Sie bewahren Ihre

Stabilität bei gleichzeitig effizienter Dynamik und fühlen sich so als Manager sicher und als Teil Ihrer Umgebung. Sie können Verantwortung tragen, ohne sie als Belastung zu empfinden.

Sie können das Beschriebene in Ihrem Arbeitsalltag physisch umsetzen. Kommt Ihnen demnächst ein Kollege oder Mitarbeiter mit einem – vielleicht Ihren Interessen zuwiderlaufenden – Anliegen entgegen, gehen Sie doch mal bewusst auf ihn oder sie zu und drehen Sie sich so, dass Sie neben ihm oder ihr stehen und in dieselbe Richtung schauen. So können Sie eine Konfrontation durch eine einfache und rein physische Übung abschwächen oder gar auflösen.

7

Führung ist das Privileg der Geführten

Respekt – die schwierige Disziplin

Der Fall des Sören Berlebach

Der geplante Arbeitsplatzabbau im Direktvertrieb war irgendwie nach außen gedrungen. Getuschel war zum Gerücht geworden und das Gerücht zum Bericht. Damit waren alle Kommunikationspläne Berlebachs – halbherzig, wie sie ohnehin waren – hinfällig. Die Schlagzeilen schlugen mit aller Macht zu. »Jobabbau trotz Rekordgewinn« hieß es, und es wurden Einzelschicksale aufgeführt, die einem das Herz brechen konnten, selbst wenn man wie Berlebach die wahren Details kannte.

»Und was sagen Sie dazu, Berlebach?« Der Vorstand hatte ganz offensichtlich Mühe, höflich zu bleiben. Berlebach auch.

»Vorhersehbar!«

»Wie bitte?!« Die Stimme des Marketingvorstandes rutschte am Ende des »bitte« über eine scharfe Ecke und schlug um. »Berlebach, es ist Ihr Job, dass wir in der Öffentlichkeit gut aussehen.«

»Ich kann hässliche Dinge nicht schönreden.«

»Was heißt hier hässlich! Was heißt schönreden! Das ist eine ganz normale Entscheidung zum Wohl des Unternehmens. Wir sichern Arbeitsplätze. Wir stehen massiv unter Druck. Das wissen Sie doch, Berlebach!«

»Mit allem Respekt: Es ist eine hässliche Geschichte. Menschen verlieren ihren Arbeitsplatz. Und sie verlieren ihn nicht, weil es nicht anders geht. Sie verlieren ihn, weil ein paar Erbsenzähler irgendwo noch eine Marge entdeckt haben, die sie ausquetschen wollen.« Berlebach hatte sich jetzt in Rage geredet. Seine Halsschlagader schwoll an. Seine Stimme auch.

»Berlebach!« Der Vertriebsvorstand war verdächtig leise geworden. Doch Berlebach war nicht zu stoppen.

»... und das Ganze ironischerweise auf der Grundlage einer völlig idiotischen Entscheidung anderer Erbsenzähler, die sich auch für besonders schlau gehalten haben. So einen Schwachsinn kann ich auch nicht schönreden!«

Sören Berlebach hatte diesen Moment irgendwie herbeigesehnt. Der erlösende Ausraster. Endlich eskalierte die Situation so, dass es opportun schien, diesem Schnösel von Vertriebsvorstand die Meinung zu sagen. Es war wie eine Befreiung. Zumindest für einen kurzen Moment. Dann geschah etwas, was Berlebach in seinen Phantasien von »die Meinung sagen« irgendwie nicht mitbedacht hatte.

Es wurde sehr still im Raum. Man hätte die Stille mit einem Messer schneiden können. Hätte sich jedoch ein Messer im Raum befunden, es wäre anderweitig genutzt worden. Der Marketingvorstand schaute Sören Berlebach lange und nachdenklich an. Er sagte keinen Ton. Wehr dich doch, du Schnösel, brüllte es in Berlebachs Kopf. Aber der Schnösel wehrte sich nicht. Er schwieg. Er stand einfach da. Er schaute ihn an. Und dann verließ er den Raum. Berlebachs Phantasie eines finalen Revolverduelles der beiden Helden auf offener Straße wurde zum Alptraum. Der Gewinner blieb nicht triumphierend in der Straßenmitte stehen, während der Verlierer und Bösewicht reumütig im Staub seinen letzten Atemzug tat. Der Gewinner ging einfach weg und ließ den Verlierer stehen. Die Einsicht in diese Rollenverteilung raubte Berlebach fast den Atem.

Wenige Tage später landete eine lapidare Notiz auf Berlebachs Schreibtisch. »Bitte so umsetzen«, lautete der handgeschriebene Text. Das war alles. Die Worte waren auf eine Kopie des Vorstandsbeschlusses gekritzelt. Dieser sah vor, die Abteilung Direktvertrieb vorerst so zu belassen, wie sie personell ausgestattet war. Eine Untersuchung der Softwareprobleme sollte bis zu einem bestimmten Termin eine zufriedenstellende Lösung für die Arbeit des Direktvertriebs herbeiführen. Dann werde noch einmal über den Personalbedarf entschieden. Gleichzeitig wurde die Abteilung Kommunikation beauftragt, dies in konstruktiver Weise zu kommunizieren – und zwar unter Aufsicht des Marketingchefs, in dessen Ressort sie mit sofortiger Wirkung gehörte.

Es war der klassische Pyrrhussieg: Berlebach hatte sich mit seinem Kampf gegen die geplanten Entlassungen beim Direktvertrieb durchgesetzt. Aber er zahlte einen hohen Preis: Sein eigenes Anliegen, nämlich mit seiner Abteilung unabhängig zu bleiben, war gescheitert.

Das Telefon klingelte. Es war der Vertriebsvorstand. »Sie haben mein Schreiben erhalten?«

Berlebach schluckte. »Ja ...«

»Wissen Sie, warum wir das so machen, Berlebach?«

»Weil es richtig ist?«

»Die Sache mit dem Direktvertrieb ... ja! Ich habe mich noch mal umgehört, und ich glaube, Sie hatten recht. Aber Sie müssen lernen, dass Rechthaben Sie nicht davon entbindet, Respekt zu zeigen, Berlebach. Sie können nicht einfach in der Gegend rumbrüllen und Kollegen auf den Schlips treten.« Der Vertriebschef lachte. »Auch nicht, wenn es Vorstände sind.«

Wer den Respekt verliert, verliert den Kampf

In jeder Begegnung und in jeder Auseinandersetzung gibt es auf beiden Seiten Erwartungshaltungen. Sie bestehen aus der Erwartung, dass Höflichkeits- und Anstandsregeln eingehalten werden, dass der Konflikt nicht physisch ausgetragen wird und dass man die gegenseitige Position respektiert.

Es ist klug, diese Erwartungen nicht mit den eigenen Hoffnungen zu verwechseln, was den Konfliktausgang angeht. Natürlich wünschen sich in der Regel beide Seiten, dass sie sich mit ihrem Standpunkt durchsetzen werden. Es ist aber durchaus eine Alltagserfahrung von uns allen, dass dies nicht immer gelingt.

Die Einhaltung der gesellschaftlichen Benimmregeln und die Sicherheit zu haben, dass eine inhaltliche Auseinandersetzung nicht in einen handfesten Faustkampf am Colaautomaten mündet, sind wichtig. Da geht es um die Spielregeln, nach denen Auseinandersetzungen geführt werden. Jeder Sieg unter Umgehung dieser Regeln wäre ein Pyrrhussieg, wie ihn unser tapferer, aber aufbrausender Sören Berlebach erleiden musste. Sie mögen sich zwar durchsetzen. Aber Sie verlieren trotzdem. Und sei es »nur« den Respekt des Gegenübers.

Auch dies ist eine wichtige Führungsaufgabe für moderne Manager: auf die Einhaltung der Spielregeln zu bestehen – auch und vor allem, indem sie sich selbst daran halten. Sie können auch dies aus Eigennutz tun: Nur wenn die Regeln eingehalten werden, ist sichergestellt, dass sich zivilisierte Führungskräfte durchsetzen können und nicht denen vom Typ »Moskau-Inkasso« das Feld überlassen müssen. Wenn Manager sich mit Disziplin an die Regeln halten, schaffen und erhalten sie damit die Grundlage für eine gesunde Unternehmenskultur. Sie stellen sicher, dass auch der Input jener oben ankommt, die in einer Kultur des Stärkeren gnadenlos untergehen würden.

Wir befinden uns zum Glück in den meisten Unternehmen nicht in einem Wildwest-Umfeld, wo jede Auseinandersetzung in der großen Schießerei am O. K. Corral (Tombstone, Arizona) enden kann. Wir müssen morgen alle wieder miteinander arbeiten. Wer heute den Respekt seiner Kollegen und Mitarbeiter oder auch seiner Konkurrenten verliert, der wird morgen deutlich geschwächt zur nächsten Runde des Kampfes antreten.

Respekt ist ein kluges zwischenmenschliches Investment

»Bei allem Respekt ...« – Mit diesen Worten beginnen in der Regel Sätze, die es an Respekt fehlen lassen. Sie bedeuten nicht mehr und nicht weniger als »Ich weiß, dass ich Respekt zeigen soll, aber ich kann oder will jetzt nicht!«. Wem die Formulierung »Bei allem Respekt ...« in den Sinn kommt, ist gut beraten, innezuhalten und sich zu fragen, ob er nicht doch den notwendigen Respekt zeigen könnte.

Das Wort »Respekt« kommt aus dem Lateinischen von »respectus« und bedeutet so viel wie »zurückschauen«. Wir würden sagen »Rücksicht nehmen«. Damit wäre das häufigste Missverständnis auch bereits aufgeklärt: Respekt bedeutet nicht, sich dem Gegner zu unterwerfen. Der Respekt drückt sich lediglich in einer Haltung aus, die auf dem Miteinander basiert statt auf rein egoistischen Interessen.

Im Kapitel zu den gegengerichteten Kräften wurde die Lehre entwickelt, dass wir die Energie des Gegners für uns nutzen können. Dieser Energie – auch wenn sie zuerst einmal gegen unsere Interessen gerichtet ist – gebührt unser Respekt. Immerhin verwandelt sie sich letztendlich in unsere Energie, die uns ans Ziel führen wird. Sie zu missachten hieße, auf ihre Kraft zu verzichten.

Der Vorteil des Respektierens ist, dass es dieses nachhaltig nur gegenseitig gibt. Wer von seinem Gegenüber nicht respektiert wird, der verliert auch den Respekt für das Gegenüber. Wer seinem Kollegen, Mitarbeiter oder Kunden den Respekt verweigert, wird ihn selbst verlieren. Respekt basiert auf Empathie, der Fähigkeit, die Position des anderen zu verstehen. Es ist auf Dauer nicht möglich, die Position eines Menschen zu verstehen, der mir sein Verständnis verweigert. Respekt wird entweder von beiden Seiten gewahrt, oder er ist unaufrichtig und ungesund und deshalb nicht von Dauer.

Respekt ist wichtig für den Erfolg. Er ist wichtig für den Manager selbst. Wenn der Manager keinen Respekt zollt, wird er keinen Respekt bekommen. Wenn er keinen Respekt bekommt, wird er keinen dauerhaften Erfolg haben. Wenn er keinen nachhaltigen Erfolg hat, wird er zur temporären Erscheinung auf der Managementetage.

Der französische Philosoph Jean-Jacques Rousseau hat einmal gesagt: »Es ist viel wertvoller, stets den Respekt der Menschen als gelegentlich ihre Bewunderung zu haben.« Wenn der Respekt wertvoller ist, ist es unwirtschaftlich und damit auch schlichtweg ein schlechtes Management, nach der Bewunderung zu streben; zum Beispiel nach der Bewunderung schneller Erfolge, die jedoch nicht nachhaltig sind. Bewunderung ist kurzlebig. Respekt ist langlebig. Hier beginnt und endet übrigens auch die Diskussion über den unternehmerischen Wert von Quartalsgewinnen. Respekt ist wie ein langsam wachsender Baum, der bedeutend länger als ein Quartal braucht, um so stark zu sein, dass man sich an ihm aufrichten und an ihn anlehnen kann.

Respekt kommt nicht von selbst – die Disziplin, es so zu meinen

Hätte Sören Berlebach vorher gewusst, dass ihm sein unkluges Verhalten so sehr schadet, hätte er dann mehr Respekt gezeigt? Wahrscheinlich nicht. Er hätte vielleicht Angst gehabt vor der Macht des Vorstands und deshalb Respekt geheuchelt. Angst und Respekt sind jedoch nicht dasselbe, auch wenn sie oft zu Unrecht in Zusammenhang gebracht werden. Auch die Unterordnung in Hierarchien hat nichts mit Respekt zu tun, sondern vielmehr mit Angst. Trotzdem verdienen unsere Kollegen und Mitarbeiter über und unter uns in der Hierarchie dasselbe Maß an Respekt.

Der Verzicht auf rein egoistische Zielstrebigkeit ist kein natürlicher Impuls; er ist vielmehr Ausdruck von Weisheit. Und da auch Weisheit nicht beim großen Management-Discounter an der Ecke verramscht wird, müssen wir sie uns erarbeiten. Erst die Erfahrung, dass Empathie und Respekt Erfolg bringen, wird beim Manager dauerhaft zu einer Verinnerlichung der ihnen angemessenen Verhaltensmuster führen. Respektvoll zu handeln ist kein Automatismus. Deshalb ist es sinnvoll, sich den Respekt zum ständigen Begleiter zu machen. Das erfordert Disziplin.

Es ist erstaunlich: Respekt gegenüber Kunden, Mitarbeitern und Kollegen ist eines der gewinnbringendsten Verhaltensmuster überhaupt. Und doch betrachten es nur wenige als eine Managementfähigkeit, die man erlernen und systematisch ausbauen muss. Ein in diesem Zusammenhang vielleicht etwas abwegig scheinendes Beispiel: Niemand wird ein frommer Mensch, nur weil er jeden Sonntag in die Kirche geht. Aber wer vor dem Kirchentor wartet, bis ihn die Frömmigkeit anspringt, wird eine lange Zeit als kleines hoffendes Heidenkind vor dem Kirchentor verbringen. Nur wer sich in den Riten und Verhaltensmustern übt, wird irgendwann ihre Tiefe ergründen.

Für das Erlernen von Empathie und Respekt bedeutet das: Solange Führungskräfte Mitgefühl und Respekt nur als Alternativen zur maximalen Durchsetzungskraft sehen, werden sie immer Hemmungen haben, Empathie und Respekt zu zeigen. Sie werden sich jedoch empathisches sowie respektvolles Handeln schnell angewöhnen, wenn sie am eigenen Leib gespürt haben, wie wichtig diese für den eigenen Erfolg sind.

Aikido – die Kultur des Respekts

Aikido ist – wie die meisten japanischen Kampfkünste – ein großer Lehrmeister in den Riten des Respekts. Für Anfänger, die noch nie mit den asiatischen Kampfkünsten Berührung hatten, wirkt das Zeremoniell oft befremdlich. Manch einer fühlt sich davon sogar überfordert oder im schlimmsten Fall durch die Fremdartigkeit ausgegrenzt. Tatsächlich ist die ruhige, besinnliche und rituelle Stimmung im Dojo ein starker Kontrast zu unserer hektischen und lauten Umwelt. Doch auch Anfänger – einmal mit dem Zeremoniell vertraut – empfinden diese Ruhe meistens sehr schnell als wohltuend, gerade weil sie einen solchen Kontrast darstellt. Für viele Aikidoka sind diese Riten beinahe meditativ.

Der Besuch jedes Aikidoka in seinem Dojo – egal, wo auf der Welt – beginnt mit einer Verneigung, sobald er den Raum betritt. Nach dem Umkleiden in die traditionelle Kleidung betritt der Aikidoka die Matte mit einer weiteren Verneigung in Richtung des Fotos des Aikido-Begründers O Sensei Morihei Ueshiba. Dieses Foto ist in jedem Dojo an prominenter Stelle in einem mehr oder weniger dekorierten »Schrein« zu finden. Mit dem Gruß dankt der Aikidoka dem Erfinder seiner Kampfkunst für dessen Lebenswerk. Kommt der Aikidoka zum Training mit Waffen, hält er diese dem Begründer darbietend entgegen, ebenfalls mit einer Verneigung.

Wenn der Sensei die Matte betritt, reihen sich die Aikidoka in einer Reihe auf. Sie setzen sich im traditionellen Kniesitz mit Blick zum Bild des Aikido-Begründers. Dabei sitzen die Anfänger der Eingangstür am nächsten und die erfahrenen und hoch graduierten Meister am anderen Ende – eine beinahe natürliche Rangordnung, die ohne jede Absprache oder Diskussion eingenommen wird. Es ist ein filigranes Werk gegenseitigen Respekts, zieht man in Betracht, dass nur ganz erfahrene Schüler und Träger des schwarzen Gürtels durch das Tragen des Hosenrocks Hakama erkennbar sind. Ansonsten gleichen sich alle Schüler äußerlich. Und trotzdem wissen sie um die Erfahrung und Leistungen ihrer Mitschüler und zollen ihnen durch die Einhaltung dieser Ordnung Respekt.

Sowohl vor dem gemeinsamen Training, als auch vor und nach jeder Übungseinheit und nach dem Training verneigen sich die Übungspartner immer wieder voreinander. Sie danken sich so für das gemeinsame Üben. Dieses Zeremoniell hat einige wichtige Effekte: Es betont den Gedanken der gegenseitigen Verantwortung. Es nimmt Anfängern die Distanz. Sie werden in eine Gemeinschaft und deren gemeinsames Tun aufgenommen. Es betont die tiefere Dimension der Kampfkunst, die mehr ist als der Versuch, sich gegenseitig auf die Matte zu legen. Es fokussiert den Aikidoka auf seine Übungen mit den Partnern und versöhnt ihn mit den eigenen Misserfolgen, indem das gemeinsame Üben als Zweck des Trainings betont wird.

Vor allem wir westlich geprägten Menschen haben die meisten Riten der Respektsbezeugung aus unserem Leben entfernt. Es gibt sogar zunehmend Riten zum Ausdruck fehlenden Respekts. Riten der Respektsbekundung und Höflichkeitsformeln werden zunehmend zu uncoolen Anachronismen. Und die Asiaten mit ihren fortwährenden Verneigungen und Höflichkeitsformeln haben wir ohnehin schon immer belächelt. Doch diese Riten haben eine wunderbare Pufferfunktion zwischen Wahrnehmung und Handeln. Wir sehen einen Mitmenschen und vollziehen erst einmal einen Ritus, der Respekt bezeugt. Das besinnt uns selbst und gibt uns Zeit, uns auf diesen Menschen zu fokussieren; es prägt das Handeln.

»Straight to Business!« Diese Devise hat sich in der westlichen Geschäftswelt mehr und mehr durchgesetzt. Das Sofort-zur-Sache-Kommen gilt als Tugend. Zumindest in westlichen und vor allem US-amerikanisch geprägten Kulturkreisen. Asiaten sind da oft wie vor den Kopf gestoßen, auch wenn sie sich das nicht anmerken lassen. Und auch Araber, für die eine Phase der gegenseitigen Komplimente und Ehrbekundungen zum Anfang jedes Gespräches gehört, fühlen sich unwohl und manchmal auch schlichtweg überrumpelt. Im Umgang mit diesen Kulturkreisen kann ein Mangel an Respekt ganze Geschäftsabschlüsse zunichte- und vielversprechende Geschäftsbeziehungen unmöglich machen.

Wir selbst, die wir täglich mit unserer eigenen »ungepufferten« Umgangsweise zu tun haben, vermissen Rituale der Respektsbekundung oft am wenigsten. Es bleibt nur bei vielen ein gewisses Unbehagen. Und das mündet dann oft in einen Mangel an Respekt und Vertrauen. Eine gefährliche Entwicklung im Geschäftsleben.

Nun ist es aber wenig gewinnbringend, sich über kulturelle Verluste auszulassen, nur um dann so zu tun, als hätte es sie nie gegeben. Vielmehr müssen wir in unserem Alltag große Disziplin aufwenden, um diese Riten zu ersetzen. Der Puffer des Ritus ist verschwunden, und wir brauchen andere Mechanismen, um uns gegenseitig Respekt zu zollen und Respekt einzufordern.

Das Gegenüber aufzuwerten wertet alle auf

Es wäre sicherlich kein Durchbruch zu erzielen, indem Manager in unserem westlichen Kulturkreis dazu übergingen, sich bei jeder Begegnung zu verneigen. Asiatische Geschäftspartner würden sich dadurch wohl eher verschaukelt vorkommen. Aber vielleicht können wir diese Gesten in unsere Rhetorik und Körpersprache übersetzen.

Aikidoka verneigen sich buchstäblich vor jedem Angreifer. Das ist ganz sicher keine Geste der Unterwürfigkeit, denn das würde Sinn und Zweck einer Kampfkunst gründlich ad absurdum führen. Es ist vielmehr Ausdruck der Achtung vor dem Angreifer und erweist sich, denkt man etwas länger darüber nach, als eine geschickte Geste. Einem Gegner zu unterliegen, dem Respekt gebührt, ist doch keine Schande. Einen solchen Gegner gar zu besiegen ein umso größerer Triumph. Das heißt: Der gezeigte Respekt gegenüber dem Gegner wertet beide Seiten auf.

Was bedeutet das im übertragenen Sinne für den Manager? Auch er kann die Vorteile gegenseitigen Respekts nutzen. Wenn er mit großer Disziplin gegenseitigen Respekt einfordert, indem er ihn selbst anbietet, dann macht er sein Gegenüber zum Partner. Das hilft bei der Zusammenarbeit, es wertet die Konkurrenzsituation auf und es macht jeden Sieg nur noch wertvoller. Truman Capote hat einmal gesagt, Disziplin sei der wichtigste Teil des Erfolges.

Wie schändlich wäre es, einem Konkurrenten zu unterliegen, einem Mitarbeiter gegenüber ein Unrecht eingestehen zu müssen oder einem Kollegen gegenüber einen Fehler, wenn man demselben Menschen vorher den Respekt verweigert hätte. Der Manager brächte sich selber in eine Situation, in der alle ehrenwerten Wege verstellt wären. In solchen Fällen können wir in unserer Kultur nicht einmal auf die japanische Lösung des »Harakiri« zurückgreifen.

Die mentale Verneigung vor den Kollegen, Mitarbeitern und Kunden

Für Manager ist es besonders wichtig, für sich selbst neue Riten der Respektsbekundung zu finden. Sie müssen die Disziplin aufbringen, diese Riten zu einem Teil ihres Alltags zu machen und zur Grundlage des Miteinanders mit Kollegen, Mitarbeitern und Kunden. Nur so kann gegenseitiger Respekt fest etabliert werden. Wenn aber gegenseitiger Respekt ein sicherer Bestandteil geschäftlicher Interaktionen ist, wird er reiche Früchte tragen.

Warum Disziplin? Weil der Respekt erst mal nicht von selbst kommt! Wir mögen eben nicht jeden Kollegen, nicht jeden Mitarbeiter und auch nicht jeden Kunden. Mancher erwischt uns auch schon mal auf dem falschen Fuß. Aber oft wissen wir auch einfach nicht, was dieser oder jene zu einem gemeinsamen Erfolg beitragen könnte. Also müssen Manager die Disziplin aufbringen, Respekt zu zeigen. Mit der Zeit wird der Respekt dann zur guten Angewohnheit werden.

Das reicht von der Disziplin, sich als Manager grundsätzlich korrekt zu verhalten, bis hin zur Disziplin, auch in konfliktträchtigen Situationen nicht den Respekt zu verlieren. Ein Manager, der auf der Weihnachtsfeier das Servicepersonal herunterputzt, richtet erheblichen Schaden in der Loyalität seiner eigenen Leute an: Wie sollen sie von ihm im Zweifelsfalle eine bessere Behandlung erwarten als die Kellnerin, die eine Bestellung vergessen hat? Der Manager, der auf der Dienstreise mit dem jungen Mitarbeiter die dicke Brieftasche zückt und ins nächste Bordell zieht, verspielt seinen Respekt. Und ebenso ergeht es dem Manager, der regelmäßig zu spät zur Teambesprechung kommt, wegen alltäglicher, kleiner Fehler die Fassung verliert oder immer wieder sichtbar verkatert im Büro erscheint.

Eine Menge Flegelhaftigkeiten mögen sich für eine Weile als Kult verkaufen lassen. Den Erfolgreichen sieht man einiges nach. Aber wer seiner Umwelt und seinen Mitmenschen (und dazu gehören auch Mit*arbeiter*) den Respekt versagt, wird nicht auf Dauer Erfolg haben. Dann kippt die Situation zu seinen Ungunsten.

Wer hingegen mit großer Disziplin täglich und bei jeder Interaktion darauf achtet, Respekt zu zeigen, der wird sehr bald beobachten können, wie sich zwei wichtige Effekte einstellen: Mitarbeiter, Kollegen und Kunden werden eine größere Loyalität an den Tag legen. Und der Erfolg wächst. Der Manager selbst wird zufriedener sein, weil er mit einem einfachen und positiven Handlungsmuster seine Begegnungen konstruktiv prägen kann.

Das heißt: Der Manager hat es leichter, und er wird mehr Erfolg haben. Und das ist eine eindeutige Effizienzsteigerung. Von wegen also: »Das kann ich mir nicht leisten!« Es ist umgekehrt gerade der Mangel an Respekt und Disziplin, den moderne Manager sich nicht leisten können.

Es gibt ein paar ganz einfache Tipps, Respekt zu zeigen und so auch selbst zu verinnerlichen: Halten Sie inne, wenn Sie einem neuen Gesprächspartner begegnen. Registrieren Sie bewusst, wer das ist, was er will und was er zum gemeinsamen Erfolg beitragen kann. Seien Sie wirklich mental anwesend, wenn Sie mit Kollegen, Mitarbeitern oder Kunden reden. Schauen Sie nicht auf die Uhr oder auf Ihr Mobiltelefon, während Sie eigentlich jemandem Ihre Aufmerksamkeit schenken wollten. Sagen nicht einfach so *nein*. Es kann sein, dass Ihnen das *Wie* noch nicht eingefallen ist, dass aber die Idee oder der Gedankenansatz des Gegenübers trotzdem richtig ist. Fragen Sie nach, wenn Sie etwas fragwürdig finden, statt es gleich abzulehnen. Loben Sie, wenn Ihnen etwas Positives auffällt, auch wenn es nur ein Detail ist. Seien Sie offen mit Kritik, aber auch offen für neue Lösungen.

Im Übrigen helfen all jene allgemein als altmodisch eingestuften Tugenden wie Pünktlichkeit, Höflichkeit, Sauberkeit, Zuverlässigkeit, Ehrlichkeit, … Die Liste ist lang, aber überschaubar. Diese Tugenden sind keine lästigen Extras, sie sind Respektsbekundungen für Menschen, mit denen Sie gemeinsam einen Erfolg gestalten könnten.

Der Lohn für den Respekt, den Sie zeigen, ist der Respekt, den man Ihnen zollt. Er kann ein unerschöpfliches Guthaben an Vertrauen werden. Vertrauen aber ist die Währung, in der gezahlt wird. Das hat Bundeskanzlerin Merkel einmal gesagt.

Sie meinte damit nicht nur die Politik. Nicht umsonst spricht unsere deutsche Sprache beim Vertrauen davon, dass man es *genießt*.

Die Übung des Sensei

Warum tun Sie nicht einfach mal etwas für einen anderen Menschen, zum Beispiel einen Mitarbeiter? Etwas, das Sie nicht gerne tun. Ein einfacher Botengang, eine Besorgung, der mitgebrachte Kaffee aus dem Coffeeshop, ein hilfreiches »Ich schließe schon ab!«. Es gibt tausend Gelegenheiten, jeden Tag buchstäblich einen extra Schritt zu machen. Einen extra Schritt auf Mitarbeiter und Kollegen zu, indem man ihnen einen Weg, eine lästige Pflicht oder eine Verantwortung abnimmt.

Diese Übung geht weit über die Wirkung einer Gefälligkeit hinaus. Indem Sie als Führungskraft Arbeiten oder Dienste übernehmen, die Ihre Mitarbeiter jeden Tag leisten müssen, erweitern Sie vor allem den eigenen Horizont. Sie verstehen wieder, wie es sich anfühlt, wenn man derjenige ist, der den Kaffee für jemand anderen mitbringt. Die Becher sind heiß, einer kleckert, und wenn man ankommt, fragt jemand: »Hast du keine Milch mitgebracht?« Viele Führungskräfte sind es gewohnt, dass ihnen solche Dinge abgenommen werden. Aber es vergrößert den Respekt vor dem Mitarbeiter, wenn Führungskräfte sich ab und zu daran erinnern, wie es sich anfühlt zu dienen.

Drittes Buch

Die richtige Handlung

Manager sind Aktionsmenschen. Sie werden an ihrem Handeln gemessen und für ihr Handeln bezahlt. Trotzdem und gerade deshalb ist es wichtig für den glücklichen Manager, nicht *immer*, nicht *sofort* und nicht *in jedem Fall* zu handeln. Außerdem müssen sie durch ständiges und lebendiges Lernen die Maßstäbe für ihr Handeln ständig neu überprüfen.

8

Aus Lernprozessen können Sie nur als Gewinner hervorgehen

Der Weg zur Weisheit für Unternehmen und Mitarbeiter

Der Fall des Sören Berlebach

Der Vertriebsvorstand hatte Nerven, das musste man ihm lassen. Ein Medientraining mitten in dieser hektischen Zeit! Berlebach war keineswegs der Meinung, dass er kein Training mehr brauchte. Im Gegenteil. Es war erstaunlich, wie schnell man einrostete, wenn man längere Zeit nicht mehr bei einem Interview vor einer Kamera gestanden hatte. Und es war vorauszusehen, dass die Geschichte mit der teuren zehnjährigen Garantieverlängerung, die irgendein Idiot an eine 92-Jährige verkauft hatte, die Fernsehgeier anlocken würde. Vor allem die Privatsender liebten solche Geschichten. Irgendjemand würde sich das Mütterchen schnappen und sie mit ihrem Gehrahmen vor der Konzernzentrale auf die Wiese stellen.

»Haben Sie dieser Frau wirklich eine Garantie verkauft, die bis zu ihrem 102. Lebensjahr gilt?«

»Stimmt es, dass Sie dafür das Doppelte des ursprünglichen Kaufpreises berechnet haben?«

Berlebach hörte die zeternden Fragen der Reporter schon in Gedanken.

Das Training war also durchaus notwendig. Aber musste das jetzt sein? Er wusste ohnehin nicht, wo ihm der Kopf stand. Einen kompletten Arbeitstag mit einem Coach eingesperrt sein, das konnte er sich eigentlich gar nicht leisten. Na, ja, wenn der Mensch ihm dafür einige Tricks und Kniffe zeigen konnte, wie mit diesen Geiern vom Fernsehen umzugehen war – vielleicht war das die Sache wert.

Der Trainer kam um zehn. Pünktlich. Ein schwarzgekleideter Mann mit schütterem Haar, der etwas nervös schien. Na, wenigstens hatte er nicht diese offensichtliche Testosteron-Überproduktion, die die meisten anderen Unternehmensberater anzutreiben schien. Berlebach konnte die nassforschen Schlaumeier nicht ausstehen, die in regelmäßigen Abständen einfielen wie eine Horde Heuschrecken und feststellten, dass das Unternehmen eine horrende Summe sparen könnte, wenn es nur genug Mitarbeiter »freisetzte«. Niemanden schien zu stören, dass dieser gute Rat in der Regel eine horrende Summe kostete. Und dass es einfacher wäre, die Berater »freizusetzen«.

Dieser war jedenfalls anders. Ein Ex-Journalist. Radiomoderator. Buchautor. Nein, nie gelesen, sorry. Aber immerhin einer vom Fach. Und er war als erfahrener Trainer empfohlen worden. Berlebach war sich sicher, dass sich ganz schnell herausstellen würde, was der Mann konnte. Und so beschrieb er dem Gast seine Situation. Oma, 92 Jahre. Garantieverlängerung. Das Produkt hatte nur halb so viel gekostet wie das Versprechen, es würde noch zehn Jahre halten. Und da waren sie, die Fernseh-Robin-Hoods mit ihren Betroffenheitsmienen und schnellen Lösungen. Was schlagen Sie denn vor, was macht man da?

»Gute Frage.«

»Haben Sie eine gute Antwort?«

»Was macht Ihnen Sorge?«

»Wie meinen Sie das?« Berlebach gelang es mit Mühe, so zu tun, als sei er nur an der Grenze zur Ungeduld.

»Was ist es, was Ihnen an dieser Sache die meisten Sorgen macht?«

»Dass diese Aasgeier über uns herfallen und uns zum Frühstück verspeisen!«

»Ich fürchte, ganz werden wir das nicht verhindern können.«
»Aber dafür sind Sie hier!«
»Nein, Herr Berlebach. Ich kann das ebenso wenig verhindern, wie ich das Wetter von morgen verhindern kann.«

Sören Berlebach schenkte seinem Gegenüber einen langen und durchdringenden Blick. Ein Geschenk, auf das dieser wahrscheinlich gerne verzichtet hätte. Keiner von beiden sagte etwas. Berlebach, weil ihm nichts einfiel, und der Coach, weil er nicht das Gefühl hatte, an der Reihe zu sein.

Die Situation zog sich dahin, verlor trotz der Ausdehnung die Spannung und wurde schließlich einfach peinlich. Irgendwann hatte der Trainer doch das Gefühl, an der Reihe zu sein. Die Aussicht, Berlebach für die nächsten siebeneinhalb Stunden einfach nur anzuschauen, war wohl wenig erfrischend für ihn. Und er sah wohl auch nicht, wie er dann eine Honorarrechnung rechtfertigen sollte.

»Herr Berlebach. Sie haben das Kind in den Brunnen fallen lassen. Ich kann Ihnen nicht sagen, wie Sie es wieder herausbekommen. Ich kann Ihnen jedoch versichern: Herausreden werden Sie es nicht, ob mit oder ohne meine Hilfe. Wobei ich Ihnen helfen kann ist, vielleicht etwas besser mit einer schlechten Situation umzugehen.«

Es war ein unbefriedigender Anfang für einen Tag Medientraining. Berlebach war enttäuscht. Er hatte auf konkrete Lösungen gehofft.

Zwischen Traum und Wirklichkeit

Unternehmen und ihre Mitarbeiter haben zwei Modi Operandi: Sie lösen kurzfristige Probleme, die unmittelbar anstehen. Und sie entwickeln sich langfristig. In beiden Disziplinen müssen sie stark und leistungsfähig sein, wollen sie auf die Dauer im Wettbewerb bestehen. Die Unternehmen wollen

Gewinne erwirtschaften und wachsen. Und ihre Mitarbeiter wollen dasselbe: Geld verdienen und persönlich wie professionell wachsen.

Eigentlich dürfte es also keine Konflikte bei den Zielsetzungen geben. Jeder dieser vier Quadranten stellt die Befriedigung eines Grundbedürfnisses für den Mitarbeiter oder das Unternehmen dar. Die vier Quadranten gemeinsam bilden das Ganze, in diesem Fall also die Firma oder die Institution als lebendigen Organismus. Gesund ist dieser Organismus nur, wenn insgesamt keiner der Quadranten zu kurz kommt.

Trotzdem gibt es immer wieder Konflikte. Bleibt nämlich auch nur einer dieser vier Quadranten länger unberücksichtigt, werden Bedürfnisse nicht befriedigt, entweder die des Unternehmens oder die des einzelnen Mitarbeiters.

Wenn bei der Arbeitsteilung das Glück nicht mitverteilt wird

Es gibt Unternehmen, die sich immer wieder selbst neu erfinden oder es zumindest versuchen. Das Management hat eine Vision. Es wird eine Strategie entwickelt, wie diese Vision in die Wirklichkeit umgesetzt werden kann. Es ist dann Aufgabe der Mitarbeiter, die erforderlichen Schritte zu vollziehen.

In dieser Situation herrscht in der Regel strikte Arbeitsteilung: Das Management entwickelt die Visionen und die Strategien. Die Mitarbeiter sind dafür verantwortlich, die einzelnen Schritte in der Realität zu vollziehen. Mit anderen Worten: Das Management kümmert sich um die Entwicklung, und die Mitarbeiter lösen die unmittelbar anstehenden Probleme. Das klingt nicht dumm. Aber was ist mit der Fähigkeit des gesamten Unternehmens, Probleme zu lösen? Und was wird aus der Entwicklung der Mitarbeiter?

Wesentliche Teile des »Organismus« werden so nicht beansprucht. Grundbedürfnisse bleiben unbefriedigt. Das ist zur Lösung momentaner Herausforderungen absolut problemlos und manchmal auch notwendig, aber auf Dauer führt es buchstäblich zu einer Behinderung. In dieser Situation kommt es immer wieder zu massiven Frusterlebnissen auf beiden Seiten. Das Management verzweifelt an Mitarbeitern, die eigene Visionen entwickeln, anstatt Lösungen zu erarbeiten, wie es ihnen aufgetragen wurde. Und die Mitarbeiter beklagen sich über die realitätsfremde Führung, die es ihnen überlässt, aus Ideen Realitäten zu machen.

Die Weisheit des Unternehmens

Natürlich spielt sich nicht immer jede Aktion im Unternehmen nur in einem der Quadranten ab. Und es erstrecken sich andersherum nicht alle Ereignisse im Unternehmen über alle vier Bereiche. Ein Mitarbeiter arbeitet an der Lösung für ein Detailproblem, das Unternehmen macht dessen Ergebnis zum Teil einer größeren Problemlösung und bietet diese Lösung den Kunden an. Die Kunden kaufen und das Unternehmen wächst. Neue Möglichkeiten ergeben sich, und der einzelne

Mitarbeiter bekommt neue Aufgaben, erarbeitet sich eine breitere oder tiefere Expertise, verbessert vielleicht sein Einkommen und seine Position im Unternehmen. Die im ersten Kapitel beschriebene Aufwärtsspirale dreht sich durch alle vier Quadranten. Es geht aufwärts!

Man kann diesen Effekt ganz einfach beschreiben. Es ist ein gemeinsamer Lernprozess: Eine Herausforderung wird im Sinne der gemeinsamen Wachstumsstrategien gemeistert. Die Lösung fließt in die Expertise des Unternehmens ein, das so seine Marktposition stärkt. Damit verbessert sich auch die Situation des Mitarbeiters. Er wächst mit dem Unternehmen aufgrund der Detaillösung, die er vielleicht selbst gefunden hat. Bis zum nächsten Lernprozess. Dann geht es weiter.

Will man dem Unternehmen so etwas wie eine eigene Persönlichkeit unterstellen, dann werden Unternehmen und Mitarbeiter durch solche Lernprozesse zunehmend weiser. Sie gewinnen nicht nur an Expertise und an Profiten, sondern auch an Persönlichkeit. Und das kann für alle Beteiligten ein sehr befriedigendes Erlebnis sein.

Lernfähigkeit als unternehmerisches Lebenselixier

Innovationskraft ist in den vergangenen Jahren immer mehr zum entscheidenden Faktor für unternehmerischen Erfolg geworden. Nur wer es schafft, den sich immer schneller verändernden Marktanforderungen gerecht zu werden, hat eine Chance. Schritt zu halten ist da nicht ausreichend, denn Innovationskraft darf sich eben nicht an anderen orientieren. Sie ist nur dann optimal ausgeprägt, wenn sie eigene Wege geht.

Es sind Unternehmen, die Innovationen vorantreiben, die heute in ihren Branchen führend sind. Der US-amerikanische Computerhersteller Apple ist wahrscheinlich das beste Beispiel: Apple hat mit seinen Telefonen und modernen Rechnern neue Kundenbedürfnisse geschaffen und sich so als das Unternehmen positioniert, das diese Bedürfnisse erfüllen kann. Das iPhone schuf einen ganz neuen Markt von sogenannten Smartphones. iPods veränderten die Nutzung mobiler Musikgeräte und gleich nebenbei auch noch den Musikmarkt, der damit endgültig aus dem Schallplatten- bzw. CD-Laden ausgezogen ist und sein neues Zuhause im Internet gefunden hat. Und das iPad zeigt neue Wege für mobile Multimedianutzung, bis hin zur elektronischen Zeitung.

Mit diesen Innovationen wurde Apple fast über Nacht vom Computerhersteller für den Nischenmarkt der Kreativ-Anwender und Computerfreaks zum alleinigen Supplier modischer Massenprodukte. Nun gilt es für Apple, dieses Momentum aufrechtzuerhalten, denn sonst wird jemand anders den Kaliforniern ruckzuck den Rang ablaufen.

Wachstum ist auf Dauer keine Sache der Umsatzsteigerung. Das ist nur die Maßeinheit. Es ist eine Frage von Innovationsfähigkeit. Oder anders ausgedrückt, von persönlicher und unternehmerischer Lernfähigkeit.

Lernen – der Prozess, aus dem man nur als Gewinner hervorgehen kann

Das mit der Lernfähigkeit ist leichter gesagt als getan. Wann haben Sie zum letzten Mal etwas Neues gelernt? Viele von uns müssen da ganz schön weit in die eigene Vergangenheit zurückgreifen. Wir lernen als Kinder, als Jugendliche und als Studenten. Dann machen wir einen Abschluss und bekommen einen Job – und dann *sind* wir jemand.

Das hat etwas Bequemes: Wir tun, was wir können. Wenn diese Redensart im Alltag benutzt wird, dann meistens, weil es irgendjemandem nicht genug ist, was wir tun. Die Antwort

»Wir tun, was wir können« ist entlarvend. Das ist nämlich genau das Problem. Wer tut, was er *kann*, lernt nichts! Wer wirklich Wachstum und Entwicklung will, der müsste sich eigentlich über eine Antwort freuen wie: »Wir versuchen gerade etwas, das wir noch nicht können.« Das wäre eine Antwort, die hoffen ließe.

Die meisten Manager sind an Zahlen gefesselt wie Gefangene an einen Baum. Aber nur weil der Baum wächst, wird der Gefangene nicht freier. Und wenn die Zahlen wachsen, wird auch der Manager nicht freier. Nur die Befreiung von den Gegebenheiten macht frei. Das gilt auch und gerade für Führungskräfte. Dabei ist klar: Zahlen und Fakten brauchen Menschen, die sie beherrschen. Jedes Unternehmen will natürlich Menschen für sich als Mitarbeiter gewinnen, die möglichst viel können.

Wenn in einem Unternehmen ein Problem auftritt, sucht man sich jemanden, der es lösen kann, weil er der Experte dafür ist. Und dann hofft man, »dass der das schon macht«. Im Zweifelsfall wird das Problem durch Outsourcing gelöst, sprich: Wir lassen andere unsere Probleme lösen. Im günstigsten Fall gelingt das. Was aber bedeutet das für das Unternehmen und seine Mitarbeiter? Es gibt wahrscheinlich keinen Lernprozess.

Für Manager ist das ein potentiell frustrierender Mechanismus. Sie treten auf der Stelle und werden gelegentlich sogar durch das eine oder andere Problem zurückgeworfen. So wird der Manager zum Troubleshooter. Und auch wenn das manch einem wie eine Auszeichnung klingen mag; einer, der Probleme »wegmacht«, bringt weder das Unternehmen noch sich selbst wirklich weiter.

Manager wollen *sich* entwickeln, indem sie *etwas* entwickeln, damit ihr *Unternehmen* sich weiterentwickelt. Hier sind wir wieder an dem Punkt, an dem der Manager sich vor allem auch selbst managen muss. Auch wenn das Troubleshooting im Alltag manchmal leichter scheint, weil es schnellen Erfolg bringt, ist es doch auf unserem Schema nur im Quadranten der Lösungen angesiedelt. Der gesunde und glückliche Manager braucht Lernprozesse für seinen unternehmerischen und persönlichen Erfolg. Er braucht diese Lernprozesse bei seinen Mitarbeitern, im Unternehmen und bei sich selbst.

Sicher – um sich zu entwickeln, muss ein Unternehmen auch Lösungen für alltägliche Probleme finden. Aber die Prämisse muss die Weiterentwicklung sein, nicht die Lösung des Detailproblems. Der Lern- und Entwicklungsprozess muss sich über alle unsere vier Quadranten erstrecken. Wenn sich nicht gleichzeitig auch die Mitarbeiter entwickeln, dann entwickelt sich nur das Unternehmensergebnis, nicht aber seine Seele.

In seinen Seminaren stellt Robert immer wieder fest, was für eine Freude ein gemeinsamer Lernprozess bringen kann. Wenn erwachsene Menschen etwas versuchen, was sie noch lernen müssen, und dabei Fortschritte machen, dann ist das ein beflügelndes Erlebnis. Und eines, das eine Gruppe zusammenschweißen kann. So bekommen Teams eine Identität und Unternehmen eine Persönlichkeit. Aber wie funktionieren solche Lernprozesse?

Wenn wir lernen, sind wir alle Japaner

In den frühen Jahren ihres rapiden Wachstums wurden japanische Konzerne wie Sony, Panasonic, Honda, Mitsubishi und Toyota oft belächelt: Sie arbeiteten nach dem einfachen Prinzip »Kopieren und besser machen«. Sie versuchten gar nicht erst, das Rad neu zu erfinden. Sie lernten einfach, wie man es baut. Und als sie das raushatten, lernten sie, wie man es besser baut, das Rad besser macht. Besser auch und vor allem unter dem Gesichtspunkt der Effizienz- und Qualitätssteigerung. Es dauerte nicht lange – zumindest in der historischen Perspektive –, und diese Konzerne waren zu Marktführern geworden. Ihre Produktionsmethoden waren beispielhaft und das Objekt des Neides in ihren Branchen. Vor den katastrophalen Rückrufaktionen ab 2009 hatte Toyota zum Beispiel Garantiekosten pro Fahrzeug, die nur rund halb so hoch waren wie die der Konkurrenz.

Natürlich war der industrielle Erfolg Japans Anlass für eine Menge Neid und Missgunst. Die Bewunderung der Konkurrenz äußerte sich vor allem darin, dass das Blatt sich gewendet hatte: Nun schauten westliche Hersteller neugierig darauf, wie die Japaner das machten. Lange galt Toyotas Art, Autos zu bauen, als Goldstandard, auch für die anspruchsvollen deutschen Luxushersteller. Heute sind die japanischen Hersteller – nur zurückgeworfen durch die katastrophalen Folgen der Erdbeben- und Tsunami-Katastrophe 2011 – längst etabliert. Sie müssen ihrerseits darauf achten, Lernprozesse lebendig zu halten. Denn mittlerweile sind es die koreanischen Hersteller, die ihre schnellen Lernprozesse in schnell wachsende Marktanteile umsetzen. Die Nächsten werden die Chinesen sein.

Die Autoindustrie ist da keine Ausnahme von der Regel, vielmehr ihre Bestätigung. Lernen ist Nachmachen. Lernprozesse sind Trial-and-Error-Verfahren. Es wird nachgeahmt, was zum Erfolg führt.

Da muss unser Blick eigentlich erst mal gar nicht bis nach Japan schweifen. Wir können das Lernen auch von unseren Kindern lernen. Sie ahmen instinktiv und systematisch alles nach, was sie in ihrer Umgebung wahrnehmen. Was funktioniert, wird adaptiert. Was nicht funktioniert, wird als Verhaltensmuster fallengelassen. Ein einfaches und sehr effizientes Prinzip. Und damit empfiehlt es sich auch für Manager.

Mal Hand aufs Herz! Wann haben Sie als Erwachsener zum letzten Mal etwas von der Pike auf gelernt? Ein Instrument vielleicht oder eine neue Sportart? Golfspielen oder Tennis? Ab einem bestimmten Punkt im Leben neigen wir dazu, nur noch Dinge zu tun und Tätigkeiten zu verrichten, die wir beherrschen. Wir meiden instinktiv den Lernprozess, wohl wissend, wie schmerzhaft er sein kann.

Wenn bei unserem tapferen Sören Berlebach das Garagendach leckt, ruft er den Dachdecker, auch wenn die Reparatur einfach wäre. Bis ich das selbst gemacht habe, habe ich auch das Geld verdient, um den Dachdecker zu bezahlen. Eine durchaus schlüssige Argumentation, die unseren Alltag ja auch leichter macht. Berlebach hat keine Lust, wie ein Depp vor der Dachpappe zu hocken und sich zur allgemeinen Belustigung der Nachbarn die Finger am Gasbrenner zu grillen und sich mit Teer vollzukleckern. Und genauso hat er in unserer Geschichte auch keine Lust, an dem anberaumten Medientraining teilzunehmen, nur um noch eine Nuance besser zu werden. Er will keinen langwierigen Lernprozess, sondern eine schnelle Lösung. Für das Garagendach ist das ok. Für Berlebachs Kernkompetenz »Umgang mit Medien« eindeutig nicht.

Aikido – Lehrstunden in Demut

Für Aikido-Neulinge ist der erste Besuch einer Trainingsstunde im Dojo eine verwirrende Erfahrung. Um es kurz und präzise zu beschreiben: Man kommt sich vor wie ein Idiot. Sylvia, die sich dieser Erfahrung einmal mit großer Neugier aussetzte, zog sich schnell wieder zurück: »Da hat mir kein Mensch irgendwas erklärt. Die haben alle nur konzentriert aneinander herumgebogen.«

Bei ihrem ersten Telefongespräch vor einigen Jahren erklärte Philippe, Robert solle einfach seinen Judoanzug mitbringen und am Training teilnehmen: »Aikido lernt man durch Mitmachen, nicht durch Erklärungen.« Am Telefon klang das einfach wie ein sehr praxisbezogener Zugang zum Thema. Genau das ist es auch. Aber Robert war nicht klar, wie weit das gehen würde.

Als er zum ersten Mal die Matte betrat, war ihm – trotz seiner Erfahrung als Judoka – fast alles fremd. Das Zeremoniell der Begrüßungen und Verneigungen ebenso wie die gesamte Etikette im Dojo. Und das war erst der Anfang. Was da bei den anderen, erfahrenen Aikidoka so einfach aussah, erwies sich als kompliziert. Denn die leicht aussehenden, fließenden Bewegungen des Aikido sind äußerst präzise. So ist zum Beispiel ein verdrehtes Handgelenk beim vorher schon einmal erwähnten Handgelenkaußendrehwurf Kote Gaeshi nicht einfach ein verdrehtes Handgelenk. Dann wäre das Ganze schlicht Knochenbrecherei. Es gibt vielmehr genau einen Punkt, an dem das Handgelenk gegen seine Drehrichtung belastet wird und an dem der Angreifer noch fallen kann, ohne das Handgelenk auf schmerzhafte Art zu beschädigen. Es ist

wichtig, diesen Punkt zu treffen, denn sonst hätte man pro Übungspartner nur zwei Versuche. Außerdem bringt das eine oder andere gebrochene Handgelenk doch das gemeinschaftliche Miteinander im Dojo ein wenig durcheinander!

Und so stand Robert in den ersten Trainingsstunden da wie ein dummer Tropf. Auch wenn die anderen freundlich genug waren zu betonen, dass das natürlich nicht so sei. Es war eine völlig ungewohnte Erfahrung – ein Lernprozess eben.

Zuschauen – Abgucken – Nachmachen

In den meisten Aikido-Dojos wird mehr oder weniger nach traditionellen japanischen Methoden unterrichtet. Das heißt: Die Schüler lernen vorrangig dadurch, dass sie den erfahrenen Aikidoka zuschauen, sich abgucken, wie diese die Techniken durchführen, und dann versuchen, es nachzumachen. Der Rest ist Übung. Es ist eine wunderbare und natürliche Art zu lernen. Man lernt wie ein Kind. Nur nicht so schnell. Und es bringt einen auf die Palme!

Dieser sanfte, natürliche und langsame Lernprozess widerspricht dem alltäglichen Modus Operandi jedes Managers. Problem erkennen. Problem verstehen. Problem lösen. Das ist das, was Berlebach im oben beschriebenen Beispiel will: Er will keine Lektion, er will eine Lösung. Dieser Arbeitsablauf, der sich uns allen so eingebrannt hat, scheitert auf der Aikido-Matte kläglich. Das Problem ist unser Übungspartner auf der Matte. Der verdreht uns nämlich das Handgelenk und bringt uns zu Fall. Manager sind das nicht gewohnt. Und es gäbe auch wahrscheinlich nur wenige Freiwillige, die sich daran gewöhnen wollten.

Das Lernen durch Abgucken und Nachmachen braucht viel Zeit. Robert brauchte Jahre, bis er mit diesem Prinzip leben und lernen konnte. Die meisten Aikidoka trainieren mindestens drei- bis viermal in der Woche und verbringen ihre Wochenenden bei Lehrgängen in verschiedenen Dojos. Für Menschen mit einem vollen Arbeitskalender und beinahe täglich wechselnden Arbeitszeiten ist das schwer oder unmöglich durchzuhalten. Beinahe hätte Robert das Aikido aufgegeben, bis ihm klarwurde, wie viel es ihm bedeutete, und zwar unabhängig davon, wie schnell er Fortschritte machte. Seitdem übt er, wann immer er die Zeit findet, und vertraut darauf, dass seine Trainingspartner und vor allem sein Sensei Philippe mit seinen langsamen Lernfortschritten weiterhin Geduld haben werden.

Das ganze System des Aikido ist auf einen permanenten und nach oben offenen Lernprozess ausgerichtet: Schüler legen zwar Prüfungen ab und klettern dabei durch die verschiedenen Schülergrade vom fünften bis zum ersten sogenannten »Kyu-Grad«. Nach mindestens zehn Jahren intensiven Übens kommen in der Regel die schwarzen Gürtel. Diese sogenannten Meistergrade werden vom ersten »Dan« aufwärts gezählt. Ab dem fünften Dan gibt es dann keine Prüfungen mehr. Alle weiteren Abstufungen werden verliehen, je nachdem wie verdient sich der Meister um die Kampfkunst und ihre Entwicklung und Verbreitung gemacht hat. Insofern gibt es zwar hochgraduierte Aikido-Meister, aber es gibt niemanden, der irgendeine Endstufe der Meisterschaft erreicht hätte. Das würde dem ganzen System des ständigen Lernens und Übens widersprechen.

Dieser permanente Lernprozess und das langsame Lernen sind für viele Aikidoka wie eine Meditation; ein Ausbrechen aus dem hektisch vorantreibenden Arbeitsalltag. Dieses Ausbrechen verändert die eigene Einstellung zum Lernen und zur persönlichen Entwicklung völlig. Es verändert selbst die Beziehung zu Kollegen und Mitarbeitern.

Lernprozesse sind schmerzhaft, aber Nicht-Lernen tut richtig weh

Wer sich selbst auch als Erwachsener immer wieder Lernprozessen aussetzt, der weiß: Sie haben etwas im besten Sinne Demütigendes. Sie machen uns bescheiden. Wer immer wieder Neues lernt, muss immer wieder erkennen, dass wir gar nicht so tolle Hechte sind, wie wir uns manchmal einbilden oder karrierebewusste Mitarbeiter ihren Führungskräften suggerieren. Diese künstlich produzierte Demut ist gesund, auch wenn sie manchmal bittere Medizin ist. Lernprozesse sind der Weg zur persönlichen Entwicklung.

In den letzten zwei Jahrzehnten hat sich unsere Arbeitswelt gerade durch die Kommunikations- und Informationstechniken rapide verändert. Das stellt völlig neue Herausforderungen an jeden von uns. Der Job, den wir gestern erlernten, ist morgen ein anderer. Das geflügelte Wort vom »lebenslangen Lernen« ist keine drollige Politikeridee. Es ist alltägliche Notwendigkeit, vor allem für jene, die in den besonders IT-intensiven Wachstumsbranchen arbeiten. Aber auch ganz »normale« Tätigkeiten werden inzwischen von der IT-Entwicklung getrieben.

Nehmen wir Andrew C. als Beispiel für ganz viele: Er ist Journalist. Ein richtig guter Journalist mit der seltenen Fähigkeit, komplizierte wirtschaftliche Zusammenhänge so erklären zu können, dass sie auch Ökonomie-Laien verstehen. Andrew war ganz weit vorne in seinem Job. Aber Andrew hatte ein Problem: Als er das »Handwerk« des Radioreporters erlernte, wurden Radiobeiträge und Sendungen analog erstellt. Studiotechniker halfen bei der Produktion. Und der Schnitt eines Beitrags war wirklich ein Schnitt: Da wurden kleine Tonband-Schnipsel physisch aneinandergeklebt.

Als Andrew viele Jahrzehnte später auf seinen dünnen, langen Beinen zornig in Richtung seiner erlösenden Pensionierung stakste, war der Beruf, den er so liebte, für ihn zum Alptraum geworden. Radio wurde auf einmal digital produziert. Er musste seine Beiträge mit einem Textverarbeitungssystem schreiben. Die Nachrichten kamen nicht mehr per altmodischem Agenturticker, sondern über ein Nachrichtenverteilsystem. Produziert wurde in digitalen Studios und an Schnittcomputern, wo beim Schnitt die Computermaus die Schere ersetzt hatte. Und der alte Haudegen, der den jungen Leuten mit seinen bildreichen Geschichten so ein Vorbild war, konnte seinen Job nicht mehr machen. Andrew verzweifelte an den Rechnern, an den digitalen Mischpulten und an den Selbst-Fahrer-Studios, wo kein freundlicher Toningenieur mehr durch die Scheibe grinste. Nach Jahren wachsender Frustration gab dieser wunderbare Geschichtenerzähler seinen Beruf auf, weil er einfach nicht mehr die richtigen Knöpfe drücken konnte.

Was sagten damals die Programm-Manager dazu? Sie sagten, das Unternehmen habe doch Fortbildungsseminare angeboten. Die Teilnahme sei auch Vorschrift gewesen. Und dann sangen sie das Lied vom lebenslangen Lernen, um im nächsten Moment die Dame im Vorzimmer zu bitten, sie mit Herrn X oder Frau Z zu verbinden. Die digitalen Telefonregister sind vielen Führungskräften ein Buch mit sieben Siegeln – auch denen, die das lebenslange Lernen predigen.

Ein Kluger unter den Managern, der frühere Kommunikationsdirektor des Lastwagenherstellers Mitsubishi-Fuso in Tokio und heutige CEO von Mercedes-Benz in Vietnam, Michael Behrens, betont gerne, »Kopieren ist nicht Kapieren«. Dieser Satz wurde für seine Mitarbeiter zum geflügelten Wort. Er meint damit, dass die kopierten Rundschreiben des Managements noch keine Kommunikation darstellen.

Spätestens in Japan wird Behrens aber auch gesehen haben, dass auch das Gegenteil gilt: »Kopieren ist Kapieren!« Die japanische Wirtschaft ist der beste Beweis: Das Nachahmen ist die Mutter allen Lernens. Und Lernprozesse sind nicht nur der Schlüssel zu persönlicher Entwicklung. Sie öffnen auch den Weg zu Innovationen und damit zu unternehmerischem Erfolg.

Nur wenn Unternehmen ihren Mitarbeitern Zeit und Raum geben, sich Wissen, Einsichten und Fähigkeiten durch Zuschauen und Üben anzueignen, werden sie eine Kultur des Lernens etablieren können. In der sich ständig wandelnden und innovationsgetriebenen Umgebung, in der die meisten Firmen heute operieren, dürfte die Fähigkeit zu lernen für unternehmerischen Erfolg maßgeblich sein.

Für Manager heißt das, sie können und sie müssen sich auch selbst Lernprozessen aussetzen. Für viele ist das ein Paradigmenwechsel. Sie müssen die Rolle des Problemlösers aufgeben, um irgendwann zum Problemvermeider zu werden. Der Lernprozess kann schmerzhaft sein, und er ist einer jener Prozesse, bei denen auch die besten Anwälte nicht helfen können. Nicht zu lernen wird jedoch in unserer innovationsgetriebenen, dynamischen und sich ständig wandelnden Arbeitswelt zunehmend noch sehr viel schmerzhafter.

Die Übung des Sensei

Bevor die Reformwilligen nun zur Volkshochschule oder zum Aikido-Dojo rasen, sei gesagt: Auch das Wieder-Erlernen des Lernens ist ein Weg der kleinen Schritte.

Philippe hat dies auf die harte Tour gelernt. Er weiß also, wovon er spricht, wenn er rät, die Kultur des ständigen Übens zur persönlichen Alltagskultur zu machen. Dieser Mann, der in mehreren Kampfkünsten ausgebildet und einer der angesehensten Aikido-Senseis in Europa ist, hat sich lange Zeit buchstäblich krank gemacht mit dem selbstgesetzten Ziel, die größtmöglich technische Meisterschaft zu erreichen; so lange, bis eine stark psychosomatisch ausgelöste Krankheit drohte, sein ganzes Leben zu verändern.

Heute ist er, Meister seines Faches, ein ständig Lernender. Selbst während seine Schüler ihre Techniken üben, arbeitet Philippe an seinen eigenen, wenn auch viel weiter fortgeschrittenen Techniken. Nicht selten sieht man ihn dann völlig konzentriert eine einzige Bewegungsabfolge wieder und wieder trainieren. Ein Meister, dessen Meisterschaft nie vollendet ist.

Philippe rät ganz einfach: Fangen Sie wieder ganz bewusst mit dem Lernen an. Was wollten Sie immer schon können? Wovon glauben Sie, es sei nun zu spät, es noch zu erlernen? Machen Sie es. Lernen Sie. Und vor allem: Setzen Sie sich kein anderes Lernziel, als immer weiter zuzuschauen und zu üben. Philippe selbst hat im Alter von vierzig Jahren noch angefangen, klassische Gitarre zu lernen. Es ist mühselig. Aber es macht ihn glücklich.

9

Die Kraft der Intuition

Mit natürlichen Bewegungen ans Ziel

Der Fall des Sören Berlebach

Das Medientraining war in Berlebachs Augen ganz einfach Zeitverschwendung. Die Sache mit der Garantie für die 92-jährige Oma hatte eindeutig Vorrang. Und dafür konnte der Trainer ihm keine Lösung anbieten. Stattdessen sollte Berlebach zum siebenten Mal in einem 30 Sekunden langen Statement einen bestimmten Sachverhalt erklären. Da er immer ungeduldiger wurde, in sein Büro zu kommen, gelang ihm das offenbar immer schlechter; zumindest gemessen an den Anregungen des Trainers, der ihm die verschiedensten Hinweise für seine Körpersprache, Betonung, Atmung und so weiter gab. Dieser Möchtegernguru ging ihm inzwischen einfach auf den Wecker, was Berlebachs Ungeduld nicht minderte.

»Hören Sie mal, was soll denn das jetzt eigentlich?«

»Wir üben.«

»Wenn hier jemand übt, dann bin das ja wohl ich!« Berlebach hatte Mühe, seine Stimme auf einem höflichen Level zu halten.

»Sie üben. Ja.« Der Medientrainer war offenbar nicht ganz sicher, worauf Berlebach hinauswollte.

»Mein lieber Herr, ich bin der Sprecher dieses Unternehmens. Ich leite die Kommunikationsabteilung. Davor war ich Journalist. Ein 30-sekündiges Statement ... das mache ich doch aus dem Bauch heraus. Dafür muss ich doch hier keinen halben Arbeitstag herumspielen. Ich bitte sehr um Ihr Verständnis, aber ich habe jetzt noch dringende Dinge zu erledigen. Wir haben da eine kleine Krise, wie Sie wissen. Ich wünsche Ihnen noch einen schönen Tag!«

Er musste sich beherrschen, nicht triumphierend aus dem Trainingsraum zu stapfen. Stattdessen suchte Berlebach seine Unterlagen zusammen und schaltete seinen Blackberry ein, der ihm die jüngsten Dringlichkeiten zublinzelte, und ging.

»Herr Berlebach ...!« Der Trainer machte ihm den Columbo, stoppte ihn mit der Türklinke in der Hand. »Was ich Ihnen noch sagen wollte: Der Ernstfall ist immer eine schlechte Übung!«

Berlebach zögerte einen Moment, dann nickte er ohne große Überzeugungskraft. Er hatte nicht verstanden, was ihm der Trainer sagen wollte. Komischer Kauz, der!

Die Erklärung ließ nicht lange auf sich warten. Sie kam in Gestalt der ersten Kamerateams, die sich vor der Konzernzentrale aufgebaut hatten, die Schuhspitzen an der Grundstücksgrenze, betroffene Großmütter, die wenig stolze Besitzerinnen lebenslanger Garantien waren, im Schlepptau. Und ob der Herr Berlebach denn wohl bereit sei, ein kurzes Statement abzugeben? Das sei ja wohl doch kein Einzelfall gewesen?

Über die medialen Ergebnisse des nachfolgenden Statements durch den Konzernsprecher Sören Berlebach rankten sich noch lange danach die Legenden. Berlebach selbst beharrte auf seiner Position, seine Äußerungen seien aus dem Zusammenhang gerissen worden. Intern beklagte er sich, dass dieses blödsinnige Medientraining ihm jegliche Vorbereitungszeit geraubt habe.

Als Tiger gesprungen, als Bettvorleger gelandet

Man trifft sie immer wieder und in beinahe jedem Unternehmen: die alten Hasen, die behaupten, dass sie selbst wichtigste Managementaufgaben »intuitiv« erledigen.

In seinen eigenen Trainings für Führungskräfte findet Robert fast in jeder Gruppe mindestens einen Teilnehmer, der meint, dass er »darin schon eine ganze Menge Erfahrung« habe und das »intuitiv« oder »aus dem Bauch heraus mache«. Trainer lieben solche Lehrgangsteilnehmer. Sie sind unterhaltsam. Sie sind äußerst lebendige Beispiele dafür, wie man es nicht machen sollte. Bei der ersten Übung, in der alle Teilnehmer erst einmal zeigen, was sie so können, fallen sie dank ihres großen Selbstbewusstseins meistens noch positiv auf. Da kommt dann auch das eine oder andere bestärkende Lob von den Kollegen. Das sehe man schon, dass der Herr Sowieso das schon oft gemacht habe. Was man tatsächlich sieht, ist, dass er es schon sehr oft schlecht gemacht haben muss.

Spätestens nach den ersten Durchgängen und wenn die Ansprüche der Teilnehmer mit zunehmendem Wissen wachsen, erlebt der erfahrene und intuitive Herr Sowieso eine dramatische Deflation. Es ist, als hätte jemand aus dem großen Gummitiger die Luft herausgelassen. Das Raubtier wird zum Bettvorleger. Erklärungen und Entschuldigungen häufen sich. Und nach ein paar Stunden wird der Herr Sowieso entweder zu einem dringenden Krisenfall gerufen, oder er zieht sich – ganz intuitiv – in sein Schneckenhaus zurück.

Unternehmen können sich eine große Menge an Energieverlusten sparen, wenn es ihnen gelingt, die vermeintlich intuitiven Aktionen ihrer Führungskräfte zu bremsen; oder noch besser: wenn sie eine Kultur wirklicher Intuition prägen können.

Intuitiv ist nicht aus dem Stehgreif

Bewerber können ein trauriges Lied davon singen, wie Führungskräfte in Vorstellungsgesprächen völlig orientierungslos in der Gegend herumfragen, statt strukturiert Fakten und Hintergründe zu erkunden. Da wurden Bewerbungsunterlagen nicht gelesen, es entsteht peinliches Schweigen am Kaffeetisch oder es wird gar über den falschen Job oder den falschen Bewerber gesprochen.

Ähnliches erleben Mitarbeiter mancher Führungskräfte bei Teambesprechungen. Allzu oft haben diese Sitzungen keine Struktur, kein Ziel und keine Agenda. Jeder sagt, was er sich denkt, »intuitiv«. Das Ergebnis ist eine akustische Loseblattsammlung der verschiedensten Befindlichkeiten, nicht selten sogar zu unterschiedlichen Themen.

Solche Ereignisse passieren nicht einfach so. Sie sind das Werk von Managern, die nicht wirklich managen, sondern Dinge geschehen lassen. Manager, die Beliebigkeit mit Intuition verwechseln. An die Stelle professioneller Routine tritt dann spontane Ineffizienz, oft mit nachfolgender Rationalisierung.

Dies ist nicht in erster Linie schlechtes Management. Es ist vielmehr ein ganz persönliches Missverständnis, aus dem schlechtes Management resultiert. Es erübrigt sich zu betonen, dass diese Art der Führung für alle Beteiligten Misserfolg, Leid und Unheil bringt: für das Unternehmen, für die Mitarbeiter und auch und vor allem für den Manager selbst.

Trotzdem: Der Wunsch, intuitiv zu handeln, ist verständlich und richtig. Intuition ist einer der wichtigsten Steuerungsmechanismen für das Handeln von Managern. Sie kann uns helfen, uns schnell und präzise zu bewegen. Und sie lässt sich trainieren, wie jede andere Fähigkeit auch. Erfahrung ist die Voraussetzung, die aus einer intuitiven Aktion eine präzise Aktion macht. Erfahrungen lassen sich machen, zum Beispiel durch systematisches und fleißiges Üben.

Intuition basiert auf der Erinnerung

Viele Definitionen beschreiben Intuition als eine Art Erinnerung an ein Urwissen. Das heißt: Wir gleichen die emotionale Wirkung einer Situation mit früheren Situationen ab, in denen wir dieselbe Emotion empfanden. Dieser Abgleich entsteht vor dem Hintergrund persönlicher Erfahrungen; offenbar gibt es aber auch eine Art menschliches Grundempfinden.

Eines der dramatischsten Beispiele für die Existenz eines solchen »Urwissens« fand der Harvardprofessor Peter J. Lu heraus. Er stolperte auf einer Reise durch den Nahen Osten buchstäblich über ein Mosaik in einer Moschee. Erst bewunderte er nur die Schönheit dieser künstlerischen Arbeit. Dann setzte seine eigene Intuition ein: Die geometrischen Muster des Mosaiks erinnerten den Physiker an die geometrischen Strukturen bestimmter Kristalle. Allerdings hatte die Sache ein Fragezeichen: Als die Mosaike entstanden, waren diese geometrischen Strukturen noch gar nicht entdeckt. Es gab nachweislich keinerlei Aufzeichnungen über die geometrischen Muster von Kristallen. Und doch hatten die persischen Künstler, die das Mosaik gefertigt hatten, offenbar ein intuitives Bild dieser Strukturen.

Was heißt das für den Alltag eines Managers? Es wäre in unserem Beispiel vom tapferen Berlebach schwer vorstellbar, dass ein Pressestatement zu betrogenen Rentnerinnen zum menschlichen Urwissen gehören sollte, irgendwo tief verankert im menschlichen Gencode. Ähnlich anmaßend dürfte die Einstellung vieler alter Hasen sein, die meinen, alles schon so oft erlebt zu haben, um in jeder Situation über ein passendes Handlungsmuster auf ihrer mentalen Festplatte zu verfügen. Trotzdem haben sowohl Berlebach als auch der alte Hase die Möglichkeit zur intuitiven Reaktion. Voraussetzung ist, dass sie die angemessene Reaktion für eine bestimmte Situation bereits gespeichert haben.

Nehmen wir als Beispiel einen Menschen, den wir ins Wasser stoßen. Ist er ein Schwimmer, wird er intuitiv Schwimmbewegungen machen, und das Wasser wird für ihn keine Gefahr darstellen. Wenn wir hingegen einen Nichtschwimmer ins Wasser stoßen, wird dieser arme Mensch zwar irgendwelche hektischen Bewegungen vollziehen, es werden jedoch keine Schwimmbewegungen sein. Und sie werden dementsprechend bald und auf tragische Weise enden. Trotzdem sind diese Schwimmbewegungen aber offenbar Teil irgendeines menschlichen Urwissens. Neugeborene nämlich machen automatisch die richtigen Bewegungen und gehen nicht unter.

Das Schwimm-Beispiel zeigt, dass die Intuition für den Manager ein sinnvolles Instrument sein kann. Denn richtig genutzt, sichert sie präzise Reaktionen in kürzester Zeit. Sie landen im kalten Wasser – Sie schwimmen; eine erfreuliche Alltagserfahrung für einen Manager. Die Intuition ist eine überaus effiziente und damit wirtschaftliche Handlungsweise. Hat er dies einmal erkannt und für sich angenommen, muss sich der Manager nur noch so managen, dass er den optimalen Nutzen daraus ziehen kann. Sich nur auf die eigene Gabe zur Intuition zu verlassen wäre töricht. Dieser mysteriösen Kraft muss vielmehr ein wenig nachgeholfen werden.

Programmierungen für den Arbeitsspeicher

»Der Verstand, den Menschen einsetzen, um vermeintlich kluge Entscheidungen zu treffen, ist begrenzt und macht nur einen kleinen Teil unseres tatsächlichen Wissens aus«, sagte der amerikanische Intuitionsforscher Milton Fisher gegenüber Spiegel Online im April 2007. »Dennoch handelt es sich, wenn wir eine Intuition haben, um den Abruf von Informationen, die wir irgendwann über unsere fünf Sinne wahrgenommen und gespeichert haben.«

Wenn das zutrifft, müssen wir nur Informationen speichern, die später wieder abgerufen werden können. Manager müssen Erfahrungen mit bestimmten Situationen machen, bevor diese Situationen real im Alltag auftauchen. Und wie macht man Erfahrungen ohne die eigentliche Erfahrung? – Durch Üben! Planspiele, Training und ständige Wiederholungen können die Grundlage für intuitives Handeln sein.

Aikido – wenn aus Intuition fließende Bewegungen werden

Wer Anfängern beim Aikido-Training zuschaut, dem sei vergeben, dass er dies nicht für eine ernsthafte Kampfkunst hält. Bewegungsabfolgen werden in beinahe zeitlupenartiger Geschwindigkeit geübt. Oft werden sie sogar unterbrochen, damit die Übenden in Ruhe überlegen können, wie es weiter geht. Erfahrene Aikidoka nutzen das Training mit Anfängern dazu, die eigenen verinnerlichten Bewegungsabläufe einmal mehr zu überprüfen. Sie korrigieren so die abgespeicherte Version der Techniken. Das sichert eine immer wiederkehrende Kontrolle, so dass sich keine Fehler einschleichen können.

Für den Laien sieht das Ganze aus wie ein Tangokurs im Altersheim kurz nach der Valium-Ausgabe. Und doch hat diese Art des schleichenden und gewissenhaften Fortentwickelns einen guten Grund: Es wird so die Grundlage für intuitives Handeln gelegt. Durch das wiederholte Üben entsteht eine Art präziser Bewegungserinnerung, die der Körper dann später intuitiv abrufen kann. Würden Anfänger die Bewegungen schnell durchführen, entstände eine verkehrte Erinnerung. Deshalb das – zudem sichere – Schneckentempo!

Schaut man Aikido-Meistern wie Philippe zu, während sie mit anderen Meistern trainieren, zeigt sich, wie das dann später funktioniert. Ihre Bewegungen sind so schnell und fließend, ihre Reaktionen so unmittelbar, dass ihre Steuerung nur intuitiv überhaupt möglich ist.

Beim Aikido, wie bei den meisten anderen Kampfkünsten, hat der Angegriffene keine Zeit für reifliche Überlegungen darüber, wie man den Angriff am besten abwehrt. In dem Moment, in dem der Angreifer den Körperkontakt herstellt, leitet sein Gegenüber bereits seine defensive Technik ein. Diese hängt von der Distanz des Gegners ab, von der Art seines Angriffes und von seiner Dynamik. Die Entscheidung fällt in Zehntelsekunden.

Nur durch Erfahrung weiß der Aikidoka, welche Abwehrtechnik jeweils die geeignete ist. Und genauso weiß sein Körper aus Erfahrung, wie er sich bewegen muss, um diese Technik auszuführen. Da gibt es kein Nachdenken und keine kognitive Überprüfung der Entscheidung. Die Umsetzung erfolgt unmittelbar. Solche schnellen Reaktionen sind nur mit Hilfe der Intuition und der Erinnerung an etwas im Körper Abgespeichertes möglich.

Wohlfühlfaktor Intuition

Psychologen berichten, dass die Entwicklung eines positiven Körpergefühls direkt von dem Wissen um die Leistungsfähigkeit unseres Körpers abhängt. Kinder mit einer negativen Einstellung zu ihrem Körper sind zum Beispiel sehr viel anfälliger für Drogen- oder Alkoholmissbrauch oder die Vernachlässigung ihres Körpers als Kinder mit einem positiven Körperempfinden. Das heißt umgekehrt: Je mehr Bewegungs-Erinnerungen wir schaffen, desto positiver werden wir uns fühlen, weil wir wissen, was unser Körper für uns leisten kann. Und je positiver wir uns fühlen, desto gesünder bleiben wir. Psychologen sprechen da von der »sensorischen Integration«:

Je mehr Informationen im Gehirn gesammelt werden, desto mehr können Wahrnehmungen, Verhaltensweisen und Reaktionen mit diesen abgeglichen werden.

Gehen wir nun davon aus, dass Manager auch nur Menschen sind, hat das wesentliche Folgen für unseren Umgang mit Intuition und wie wir ihn fördern. Immerhin wollen wir doch als Manager nicht nur effizient, sondern auch glücklich und gesund sein. Wir sollten deshalb unsere Fähigkeit fördern, intuitiv zu arbeiten. Wir müssen möglichst viele Wahrnehmungen, Verhaltensweisen und Reaktionen abspeichern, um in ähnlichen Situationen intuitiv reagieren zu können – so wie wir schützend die Hand vor das Gesicht halten, wenn etwas auf uns zufliegt, und so wie der Aikidoka eine bestimmte Technik einleitet, sobald er den zu dieser Defensivtechnik passenden Angriff erkennt.

Gesunde Intuition macht unsere Reaktionen als Manager schneller, effektiver und damit wirtschaftlicher im besten Sinne. Sie macht uns zu besseren Managern. Mit Hilfe der Intuition können wir geradezu automatisch und damit einfacher reagieren. Das erspart uns Stress und gibt uns das Gefühl, Situationen meistern zu können. Und so werden wir als Manager glücklicher! Gleichzeitig – und das ist wichtig – ist es uns möglich, unsere eigenen Reaktionen nachzuvollziehen und zu erklären. So werden wir der Notwendigkeit möglichst großer Transparenz und »Accountability« gerecht. Immerhin haben wir selbst die Grundlagen für unser intuitives Handeln gelegt. Wir handeln nicht einfach »aus dem Bauch heraus«.

Erinnerungen werden gemacht

Es ist wie im richtigen Leben: Wer gute Erinnerungen will, muss sie sich schaffen. Wie zum Beispiel das Familienfest, auf dem alle so glücklich waren. Der gemeinsame Urlaub. Oder das triumphale Gefühl im Team, wenn das große Projekt erfolgreich abgeschlossen ist. Solche Erinnerungen kommen nicht von selbst. Wir müssen sie sozusagen in unseren Speicher einspeisen, indem wir sie leben.

Dasselbe gilt für unsere Erinnerungen an Handlungsoptionen. Wir müssen richtige und gute Handlungsweisen für bestimmte Situationen in uns aufnehmen, wenn wir sie später abrufen wollen. Und dafür gibt es nur zwei Möglichkeiten. Erfahrungen oder Übungen schaffen die Abbilder in unserer Erinnerung, die wir bei Bedarf als Handlungshilfen wieder abrufen können. Beides funktioniert. Aber wir können uns unsere Erfahrungen nicht immer aussuchen.

Da wir als Manager auf viele Herausforderungen im Leben reagieren müssen, die negativ sind, ist Erfahrungen zu machen zwar praktisch, aber nicht immer wünschenswert. Wie soll ein Manager zum Beispiel auf die Entführung von Mitarbeitern in einem gefährlichen Einsatzland intuitiv reagieren können? Niemand wünscht sich, darin Erfahrung zu haben. Eine solche Situation werden wir zu vermeiden versuchen. Und wenn uns das gelingt, verfügen wir dementsprechend nicht über Erfahrungen, auf die unsere Intuition gründen könnte. Also müssen wir überall dort, wo wir keine Erfahrung haben, diese durch Übung ersetzen.

Wiederholen macht Übungen wieder-hol-bar

Beim Aikido und in seinen zahlreichen Trainingseinheiten mit einzelnen Führungskräften oder ganzen Gruppen bestätigt sich für Robert immer dieselbe Erfahrung: Wiederholungen sind der beste, sicherste und angenehmste Weg zu abrufbaren Handlungsmustern.

In einem Medientraining für eine Gruppe Diplomaten begann alles, wie es immer beginnt: Die Teilnehmer waren anfangs überwältigt vom Multitasking, das die Arbeit mit einer Fernsehkamera mit sich bringt. Es ist dieselbe Erfahrung, die Fahranfänger machen: gleichzeitig über die Schulter und nach vorne schauen, Gang einlegen, Kupplung kommen lassen, Blinker setzen ... bist Du auch angeschnallt? ... jetzt anfahren. Und schade! Da stand etwas im Weg!

Solche Prozesse erscheinen dem Anfänger oft, als würde er sie nie in den Griff bekommen können; zu viel ist es, was da gleichzeitig von ihm verlangt wird. Ein Medientrainer wäre unfähig, ein Fahrlehrer lebensmüde, wollte er sich mit dem kameradschaftlichen Ratschlag »Das musst du einfach instinktiv machen« zufriedengeben. Der ist zwar im Prinzip nicht falsch. Lehrer sind jedoch dafür da, den richtigen Weg zu weisen, den der Schüler Tausende Male gehen muss, bevor das richtige Handeln in seiner Erinnerung verankert ist – bevor aus Erfahrung Intuition wird.

Im Medientrainig brauchte die Gruppe eine ganze Weile, bis sie sich von ihrem kognitiven, dem von ihrer Vernunft gesteuerten Handeln lösen konnte. Dann platzte auf einmal der Knoten und die Teilnehmer wollten eine Übung vor der Kamera nach der anderen absolvieren. Sie bekamen eine Ahnung von dem Gefühl des natürlichen und harmonischen Handelns, das die Intuition mit sich bringt. Das Resultat war jedenfalls, dass diese Gruppe von Diplomaten und braven Staatsdienern auf einmal geradezu darauf drängte, Überstunden machen zu können. Eine Erfahrung, die für sie sicherlich neu war. Sie wollten möglichst oft vor der Kamera üben, um die Erinnerung zu festigen.

Hätte unser guter Sören Berlebach das doch verstanden, bevor er sich vor die Fernsehkameras stellte. Er hätte sich eine böse Erinnerung ersparen können. Und böse Erinnerungen taugen für gar nichts, außer uns Angst zu machen. Angst ist, wie bereits beschrieben, der schlechteste Ratgeber.

Um hingegen die konstruktiven Erinnerungen aus der Übung ständig präsent zu haben, muss man sie wachhalten. Die abgespeicherten Handlungsmuster müssen ständig erneuert werden. Wir wissen doch, wie das mit der Erinnerung ist: Sie spielt uns oft Streiche. Und für aus der Intuition folgende Handlungsmuster kann diese Streiche niemand gebrauchen.

Intuition ist wie ein Tanzschritt – hören Sie auf die Musik

Zurück zur Geschichte von Sören Berlebach: Der Gute verfügt über ein Riesenreservoir an Erfahrungen im Umgang mit solchen Krisen wie jener, mit der er sich konfrontiert sieht. Eigentlich könnte er vielleicht wirklich intuitiv reagieren; jedoch nur theoretisch, denn es würden ihm immer noch die Informationen zu den konkreten Fällen fehlen. Insofern könnte er zwar das Grundmuster seiner Reaktion intuitiv abrufen, es würden ihm jedoch wesentliche Fakten als Handlungsgrundlage fehlen – eine Tatsache, die gerade erfahrene Manager gelegentlich vergessen.

Es ist selbst mit dem allergrößten Erfahrungsschatz nicht möglich, intuitiv abrufbare Handlungs- und Reaktionsmuster für jede Situation zu speichern. Wir kennen das alle aus unserem Alltag: Wir denken, wir hätten alles schon einmal gesehen, und dann passiert etwas völlig Neues und verblüfft uns.

Die Annahme, dass unsere Erfahrungen einfach so übertragbar sind, kann in die Irre führen. Wie gesagt: »Annahmen sind die Mutter aller Fuckups!« Aber selbst in solchen Situationen kann Intuition helfen. Sie kann uns ein Handlungsgerüst bereitstellen, das in vergangenen Fällen funktioniert hat. Wichtig ist dann die Überprüfung der möglichen Reaktionen und Handlungen mit Hilfe der Vernunft. Das kostet Zeit.

Reaktionen wie die des Aikidoka, der nur Zehntelsekunden braucht, sind so unmöglich. Manchmal geht es nicht ohne unsere Vernunft – dafür haben wir sie ja, wenn wir sie haben.

Oft ist es also eine Mischung aus intuitiver Reaktion und vernünftigen Entscheidungen, die zum gewünschten Resultat führt. Das ist ein bisschen wie beim Tanzen: Sie absolvieren mehr oder weniger elegant den Tanzschritt, den Sie verinnerlicht haben. Aber wer nicht auf die Musik hört, latscht der Partnerin oder dem Partner eben doch auf die Füße. Neben der Intuition sind oft der Abgleich mit der Realität der gegebenen Situation und eine vernünftige Überprüfung der Handlungsoptionen notwendig.

Also: Die Fakten und ihre vernünftige Abwägung sind wie die Musik zum intuitiven Tanz. Sie machen die ganze Sache erst erfolgreich. Und wenn Sie vom ursprünglich erinnerten Handlungsmuster abweichen müssen, haben Sie gleich noch einen Vorteil: Sie schaffen sich so ein neues Handlungsmuster für die nächste Situation, die intuitives Handeln erfordert. Auch hier macht sich die bereits beschriebene Aufwärtsspirale bemerkbar.

Die Übung des Sensei

Üben Sie einfach Ihre Lieblingssportart. Es ist gleichgültig, ob es Tennis ist oder Golf, Ballett oder Aerobic. Konzentrieren Sie sich einmal ausschließlich auf die Wiederholung von Bewegungen. Nehmen Sie wahr, wie Ihr Körper die Bewegung ausführt und wie er in einem Kreis an seinen Ausgangspunkt zurückkehrt. Versuchen Sie dies nun mit Ihrem Atem in Einklang zu bringen. Atmen Sie bei der aktiven Bewegung aus, atmen Sie bei der Rückkehr in die Ausgangsposition ein.

In den Kampfkünsten heißt dieses Prinzip der harmonischen Rückkehr, der Einheit von Bewegung und Stillstand,

»dosei ittai«. Es wird vor allem in der von Philippe praktizierten und gelehrten Kunst des Kashima-Schwertes deutlich. Übertragen Sie die dort angewandte Wiederholung einer kompletten Bewegung – vom Stillstand über die Aktion bis wieder in den Stillstand – in Ihre eigene Sportart. Sie werden spüren, wie Ihr Körper sein intuitives Gedächtnis, seinen Erfahrungsschatz immer mehr erweitert.

10

Fokussierung statt Reduzierung

Energie bündeln

Der Fall des Sören Berlebach

Was soll ich denn sonst noch alles tun? Sören Berlebach spürte die Anspannung seit Wochen. Die Sache mit dem Direktvertrieb hatte ihn arg mitgenommen. Und nun drohten gleich noch zwei weitere Fronten zu entstehen. Der Marketingchef, sein neuer Vorgesetzter, schien es sich zum Ziel gesetzt haben, Berlebach mit trivialen Aufgaben regelrecht zuzuschütten. Vielleicht in der Hoffnung, ihn damit gefügig zu machen.

Und nun hatte die Presse auch noch Wind von einem Kundendienstpatzer bekommen, bei dem einer alten Dame im zarten Alter von 92 Jahren eine zehnjährige Garantie verkauft worden war, erstaunlicherweise zum doppelten des ursprünglichen Kaufpreises. Solche Dinge sind für die Öffentlichkeit schwer zu verstehen. Zu Recht. Und dementsprechend schwer zu erklären. Genau das war Sören Berlebachs Aufgabe.

Zu behaupten, dass er seinen Job zur Zeit liebe, wäre eine leichte Übertreibung gewesen.

Nun kam auch noch der Neffe des Vertriebsvorstandes, um sich vorzustellen. Wahrscheinlich so ein pickliger, nichtsnutziger, verwöhnter Scheißer aus gutem Hause, dachte sich Berlebach. Einer, für den es selbstverständlich ist, dass sich alle Türen für ihn öffnen.

Das Unternehmen gestattete sonst gar keine Schülerpraktika, weil sich herausgestellt hatte, dass die meisten Schüler nur herumsaßen und sich – nicht ganz zu Unrecht – fürchterlich überflüssig vorkamen. Außerdem waren die Versicherungsfragen extrem kompliziert. All dies spielte natürlich bei einem Vertriebsvorstandsneffenscheißer absolut keine Rolle, ging es Berlebach durch den Kopf. In zehn Minuten würde er antanzen, sollte der Bengel wirklich und wahrhaftig pünktlich erscheinen, wovon Berlebach nicht ausging. Das gab ihm gerade ausreichend Zeit, noch die Pressemitteilung zum Direktvertrieb gegenzulesen. Bei so heiklen Themen bestand er darauf, alles selbst noch einmal zu sehen, was an die Öffentlichkeit ging; eine Angewohnheit, die ihn und das Unternehmen in der Vergangenheit schon vor mancherlei Unbill bewahrt hatte. Es war erstaunlich, was für Fehler in einer einfachen Pressemitteilung stecken konnten, wenn nur ausreichend viele Idioten daran herumgeschrieben hatten.

Bo. Wie konnte man denn seinen Sohn Bo nennen? Berlebach schaute auf die Bewerbungsmappe des Neffen-Scheißers. Die hatte doch bestimmt der gute Onkel geschrieben. Oder schreiben lassen. Bo ist ein Name für einen Hund, einen nassen Hund! Berlebach sehnte sich nach einer Zigarette – wie beinahe jeden Tag, seit er vor drei Jahren aufgehört hatte. Bo! Das Bewerbungsfoto zeigte einen etwas mädchenhaft aussehenden Teenager mit einer blonden Mähne.

Die Pressemitteilung war zu lang. Kein Journalist liest so etwas bis zum Ende. Wie oft hatte Berlebach das schon erklärt. Er griff zum Kugelschreiber. Das Telefon klingelte. Es war irgendjemand von der Betriebsverwaltung mit einer rein organisatorischen Geschichte. Berlebach hörte nur mit einem Ohr zu. Gleichzeitig las er die Pressemitteilung. Und der Rest von ihm ärgerte sich präventiv über den Vertriebsvorstands-Neffen-Scheißer. So langsam machten sich die Kopfschmerzen wieder breit. Sein Nacken war verspannt. Er hatte seit Tagen nicht richtig geschlafen.

Zeit lässt sich nicht managen, nur ihre Nutzung

Es ist eine der häufigsten Klagen von Managern, sie hätten zu viel zu tun und zu wenig Zeit. Zeitmanagement ist deshalb eines der wichtigsten Anliegen für viele. Und instinktiv greifen sie dann zum mentalen Rotstift und streichen einzelne Aufgaben aus ihrem Katalog und gegebenenfalls auch gleich aus dem Terminkalender. Aber Weglassen ist nicht die Lösung. Wenn Dinge wichtig sind, sind sie wichtig. Den größten Zeitfresser übersehen jedoch viele: Beinahe krankhaftes Multitasking zwingt Manager oft dazu, sich immer und immer wieder mit demselben Thema zu beschäftigen, einfach nur, weil sie sich dem Problem nicht einmal richtig zugewendet haben.

Viele Manager fühlen sich so zerrissen wie unser lieber Berlebach in dem Beispiel. Sie geben das in den seltensten Fällen zu. Aber die auffällig intensive Nachfrage nach Zeitmanagement-Methoden, Gedächtnistrainings und anderen Instrumenten zur Stressvermeidung zeigt: Moderne Manager neigen dazu, sich in alle Richtungen aufzulösen. Sie sind Aktionsmenschen in einer Welt, die beinahe krankhaft jeder Problemstellung eine Aktion zuordnen will. »Da muss doch jemand...«, lautet das klassische Ende vieler Problembeschreibungen. Und immer wieder fällt der erwartungsvolle Blick auf die Führungskräfte. Die sollen es richten, immerhin werden sie dafür ziemlich anständig bezahlt. Und zwar sofort!

Das ist eine gefährliche Kombination, die für viele Manager künstlichen Stress erzeugt. Problematische Situationen konfrontieren Manager beinahe umgehend mit zwei grundlegenden Anforderungen: Erstens sollen sie handeln. Und zweitens sollen sie *sofort* handeln.

Die Erwartungshaltungen sind beinahe deckungsgleich. Die Menschen in der Umgebung erwarten vom Manager eine unmittelbare Aktion. Und auch der Manager erwartet von sich selbst eine unmittelbare Reaktion. Das alleine wäre schon schlimm genug, doch zudem treten solche Erwartungen zeitgleich in großer Zahl auf. Der gesamte Arbeitstag vieler Führungskräfte wird von einer Abfolge von großen und kleinen Herausforderungen geprägt, die seine unmittelbare Aufmerksamkeit und eine sofortige Reaktion zu verlangen scheinen.

Es wäre anmaßend und ungerecht, hier ein Urteil fällen zu wollen, bei welchen dieser Herausforderungen die Erwartungen an den Manager tatsächlich gerechtfertigt sind. Wichtig ist aber für jeden einzelnen Manager die Tatsache, dass er seine Energie nicht richtungslos im Raum der Herausforderungen verteilen darf. Wie auch bei der Nutzung anderer Energiequellen – Strom, Gas, Benzin – sollte sein Wirkungsgrad möglichst hoch sein. Sprich: möglichst wenig Energieaufwand pro Erfolg. Beim Auto wird das in Spritverbrauch pro hundert Kilometer gemessen. Beim Manager wird der Wirkungsgrad in Energieverbrauch pro gemeisterte Herausforderung gemessen. Und das heißt: Er muss seine Energie so einteilen, dass sie möglichst effektiv eingesetzt ist.

Dabei gilt für die Management-Aktionen dasselbe wie für physische Bewegungen: Richtungswechsel kosten überproportional viel Energie. Ein Jogger, der in eine Richtung trabt, verbraucht weniger Energie als ein Tennisspieler, der auf der Grundlinie hin und her hetzt. Und doch hat der Jogger die höhere Durchschnittsgeschwindigkeit. Er läuft zwar langsamer, verschwendet aber keine Zeit durch Abbremsen und das Einschlagen einer neuen Richtung.

Wer Energie verliert, verliert das Rennen

Genauso wird ein Läufer, dessen gesamter Bewegungsapparat auf seine Laufrichtung fokussiert ist, schneller sein als jemand, der seitlich wankt, mit den Armen rudert oder beim Laufen noch kleine Hüpfer einlegt. Nehmen wir als Illustration die Geschichte von Wilfried L. Er war in der Schule der athletischste Sportler seiner Altersgruppe. Er war leicht, aber muskulös, drahtig, ausdauernd und sehr leistungsorientiert. Ein Sprinter, der jedes Rennen gewinnen konnte. Er gewann aber nicht jedes Rennen. Denn Wilfried war Kämpfer, und wenn er loslief, kämpfte er mit allem, was er hatte, um den Sieg. Er ruderte mit den Armen, als wollte er sich am Luftwiderstand nach vorne schieben. Er schlug mit dem Kopf um sich. Sein Oberkörper kämpfte sich mit jedem Schritt nach vorne. Er sah aus wie jemand, dessen purer Siegeswille ihn über die Ziellinie tragen könnte. Aber dieser Musterathlet verbrannte Unmengen Energie in Richtungen, in die das Rennen nicht gelaufen wurde. Und andere, bei denen sich Beine und Arme nach vorne bewegten und der Rest des Körpers ruhig blieb, liefen ihm den Rang ab.

Ähnliches geschieht vielen Führungskräften. Sie versuchen so vieler Herausforderungen parallel Herr zu werden, dass sie sich in alle Richtungen auflösen. Sie sind wie Läufer, die an mehreren Rennen gleichzeitig und in verschiedene Richtungen teilnehmen. Ihr Gefühl der Zerrissenheit hat nichts mit Zeitmangel zu tun. Es ist ein Managementmangel.

Die Falle des Aufwärts-Delegierens

Manager haben eine doppelte Funktion: Sie müssen nicht nur das Unternehmen strategisch lenken, sondern sind auch die oberste Instanz für die Arbeit ihrer Mitarbeiter. Das bedeutet im Alltag, dass jedes Problem, an dem sich irgendjemand die Finger verbrennen könnte, so lange die hierarchische Treppe *hinauf*fällt, bis es endlich beim Chef gelandet ist. Auf diese Weise kommen immer wieder und oft sogar zeitgleich Probleme beim Manager an, die eigentlich auf einer anderen Ebene gelöst werden müssten. Da dort aber niemand das Risiko in Kauf nehmen möchte, das mit dem Treffen von Entscheidungen verbunden ist, landen die Probleme auf dem Schreibtisch oder auf dem Blackberry des Chefs.

Führungskräfte, die sich jedes Problems annehmen, das auf diese Weise auf sie einstürmt, bestätigen indirekt dieses System der Delegation nach oben. Sie setzen sich so unter Leistungs- und Zeitdruck und verlieren sich, indem sie sich beinahe im Sekundenrhythmus neuen Dingen zuwenden. Sie verlieren den Fokus auf das Wesentliche ihrer Arbeit, nämlich die strategische Lenkung des Unternehmens. Sie verhindern gleichzeitig eine effektive und effiziente Teamarbeit. Dies ist ein Musterbeispiel dafür, wie schlechtes Selbstmanagement zu schlechtem Teammanagement und schlechtem Unternehmensmanagement führen kann. Wer so arbeitet, arbeitet nur noch an einem Projekt wirklich zielstrebig – und das ist sein eigenes Burnout-Syndrom.

Das Tröstliche an dieser Einsicht ist, dass sich das Ganze auch umkehren lässt zu einem gesunden Manager, einem gesunden Team und einem gesunden Unternehmen. Führungskräfte müssen akzeptieren, dass Mitarbeiter Fehler machen. Das ist der erste Schritt. Sie müssen deswegen noch längst nicht jeden Fehler hinnehmen. Aber nur wenn der Manager mit der Tatsache versöhnt ist, dass eine gewisse Anzahl von Mitarbeitern immer eine gewisse Anzahl von Fehlern machen wird, wird er das Delegieren von Problemen nach oben verhindern können. Der Rest – die Verringerung dieser Fehlerquote – ist eine einfache Managementaufgabe, auf die man immer wieder seinen Fokus lenken kann.

Der zweite Schritt heißt im Management-Neudeutsch »Empowerment«: die Ermächtigung des Teams und einzelner Teammitglieder, Entscheidungen zu treffen. Das hat zur Folge, dass alltägliche Dringlichkeiten dort entstehen, wo sie hingehören, nämlich bei den dafür verantwortlichen Mitarbeitern. Diese haben wünschenswerterweise die Expertise, damit umzugehen.

Der dritte Schritt ist die Disziplin des Managers, nicht jede Dringlichkeit als die seine zu akzeptieren. Sie haben jeden Tag nur einen Arbeitstag zur Verfügung. Und der Tag darf nicht nur der Arbeit dienen. Führungskräfte haben auch noch eigene, ganz persönliche Bedürfnisse. Zudem haben sie wichtige Aufgaben zu erledigen, die sie nicht delegieren. Es ist ihr gutes Recht, ihren eigenen Job richtig zu machen und damit glücklich und zufrieden zu sein.

Auch hier schließt sich der Kreis: Die Mitarbeiter profitieren davon, wenn ihre Führungskräfte fokussiert an ihren eigenen Aufgaben arbeiten. Sie haben mehr Verantwortung, erarbeiten sich Respekt und können sich selbst Perspektiven schaffen.

Gleichzeitig erhält sich der Manager so eine für ihn und seine Aufgabenstellungen wichtige Dimension: Er hat die Möglichkeit, kreativ zu bleiben und neue Ideen zu entwickeln. Das ist überlebenswichtig für moderne Unternehmen, die zunehmend kürzeren Produktzyklen und wachsendem Wettbewerb ausgesetzt sind. Kreative Kraft und Inspiration sind keine sich selbst erneuernden Ressourcen. Wer sich nur im geschlossenen System seiner Arbeitsumgebung bewegt, schmort im eigenen Saft. Manager, die für sich selbst und ihre Unternehmen führende Marktpositionen anstreben, müssen Input von außen aufnehmen können. Denn die Kunden sind da draußen! Wer sie verstehen will, muss mit ihnen leben. Da hilft auch die beste Marktforschung sonst irgendwann nicht mehr weiter!

Manager wachsen mit ihren Aufgaben, jedoch nur, wenn es wirklich *ihre* Aufgaben sind. Das ist ein scheinbar widersprüchlicher Effekt: Gerade durch die Fokussierung wird der Manager offen für Neues. Da, wo sonst die Dringlichkeiten des Alltagsgeschäftes einfallen, entsteht durch Fokussierung Raum für neue Eindrücke, neue Ideen und innovative Lösungen für Probleme. Und diese umzusetzen in Innovationen, das ist letztendlich die Führungsaufgabe, die den Manager ausmacht.

Natürlich hat ein Manager selten nur eine Herausforderung zu meistern. Deshalb ist es wichtig, Fokussierung nicht mit einem Tunnelblick zu verwechseln. Wie in den Kampfkünsten liegt die Kunst für den Manager in aufeinanderfolgenden Fokussierungen auf verschiedene Herausforderungen.

Aikido – die Kunst der Reihenfolge

Es wurde schon an anderer Stelle beschrieben: Das »Randori« ist sozusagen die hohe Schule des Aikido. Dabei greifen verschiedene Angreifer einen Meister an. Auf den ersten Blick ist das eine unlösbare Aufgabe. Die Angreifer sind selbst erfahrene Kämpfer. Und sie kommen aus verschiedenen Richtungen.

Der Schlüssel zum Erfolg des angegriffenen Aikidoka ist Fokussierung. Natürlich muss er auch seine Techniken perfekt beherrschen und viele andere Aspekte verinnerlicht haben – ähnlich wie der Manager, der eine Herausforderung meistern will. Aber die Fokussierung auf jeweils einen Angreifer ist unerlässlich. Der Aikidoka wehrt im Randori nicht alle Angreifer gleichzeitig ab. Vielmehr schafft er sich durch seine Bewegungen und durch seine Abwehrtechniken den Raum, sich jeweils auf einen Angreifer zu fokussieren. Er weicht zum Beispiel dem zweiten Angreifer aus, während er den ersten abwehrt. Und er kann vielleicht den ersten zwischen sich und den dritten Angreifer ablegen, so dass dieser in seinem Angriff vor einem Hindernis steht. Dadurch wird der Ansturm der vielen zur Abfolge Einzelner. Damit wird die scheinbar unlösbare Aufgabe beherrschbar. Und nicht nur das: Der verteidigende Meister wird so die Situation trotz der scheinbaren Übermacht seiner Angreifer stets unter Kontrolle haben.

Diese Art der Fokussierung ist die natürliche Fortsetzung einer Fokussierung von Bewegungsenergie, die jeder erfahrene Aikidoka verinnerlicht hat: Sein Aktions*radius* ist kein Radius, der ihn umgibt. Vielmehr agiert er in einem trichterförmigen Bereich vor seinem Körper. In diesem Trichter hat der Aikidoka die meiste Energie. Hier kann er Druck ausüben, ohne viel Körperkraft aufzuwenden. Es ist letztendlich eine Frage der Effizienz, seine Aktionen auf diesen Bereich zu fokussieren.

Wir haben also zwei Bereiche der Fokussierung: erstens die Konzentration auf einen engen und besonders effektiven Bewegungsraum und zweitens die Konzentration auf jeweils eine Herausforderung nach der anderen.

Der doppelt fokussierte Manager

Was bedeutet diese Lektion aus den Kampfkünsten für den Manager im Arbeitsalltag? Er sollte sich auf seine sogenannten Kernkompetenzen und auf jeweils nur eine Fragestellung fokussieren. Jeder Mensch hat Bereiche, in denen er seine Stärken hat. Das gilt natürlich auch für Führungskräfte. Schon bei der Jobsuche oder bei der Personalsuche ist es wichtig, auf diese Bereiche zu achten.

Ein Bewerber muss sich ehrlich die Frage beantworten, ob die angestrebte Managementaufgabe tatsächlich seine Stärken fordert und fördert. Allzu oft wird die Entscheidung über einen Job vor allem aufgrund der Rahmendaten getroffen; sprich: Wie viel Geld gibt es? Welchen gesellschaftlichen und beruflichen Status bringt der neue Titel? Welche Privilegien gehen mit der neuen Rolle einher? Diese Fragen müssen natürlich geklärt werden. Aber der neue und größere Dienstwagen darf auf keinen Fall der entscheidende Faktor sein. Die Ressourcen eines guten Managers sind zu wichtig, um sie eventuell am falschen Ort einzusetzen. Große Autos kann man kaufen, große Talente muss man über Jahre trainieren, pflegen und ausbauen.

Dasselbe gilt umgekehrt für Arbeitgeber, die einen geeigneten Manager suchen. Viele CEOs können ein trauriges Lied davon singen, wie schwierig es ist, fähige und sozial kompetente Führungskräfte zu gewinnen. Der Fachmann von Weltrang ist nicht unbedingt ein guter Manager, wenn er gleichzeitig ein paar hundert oder gar tausend Menschen führen soll, dafür aber weder Interesse zeigt noch die sozialen Kompetenzen hat.

Bereits an diesem frühen Punkt einer Managementaufgabe, der Entscheidung für einen bestimmten Job, werden die Grundsteine für ein fokussiertes und erfolgreiches Arbeiten gelegt. Schon hier kommt auf den Manager eine seiner wichtigsten Managementaufgaben zu: Er muss seine eigenen Interessen abwägen. Er muss die Bedürfnisse von den Eitelkeiten und die Arbeitsumgebung vom Statusdenken trennen. Nur wenn er sich an diesem Punkt schon erfolgreich selbst managt, wird er ein guter Manager für seine Mitarbeiter und sein Unternehmen sein können.

In der folgenden Zeit sollte der Manager diese ursprünglich mit dem Job verbundenen Zielvorstellungen immer wieder mit der Realität und den aktuellen Entwicklungen abgleichen. Denn auch hier gilt: Wenn der Manager mit seiner Arbeit, wie er sie leisten kann, glücklich ist, dann werden es auch sein Unternehmen, seine Kollegen und seine Mitarbeiter sein. Nur wer sich immer wieder auf dieses Ziel und die daraus resultierenden Aufgaben fokussiert, wird seine Energie und seine Kompetenz effizient einsetzen können.

Die Übung des Sensei

Dies ist eine Gruppenübung: Markieren Sie mit Klebeband einen mehrere Meter langen schnurgeraden Strich auf den Fußboden. Eine gerade Teppichnaht kann denselben Zweck erfüllen. Die Gruppe stellt sich zu beiden Seiten entlang dieser Linie auf.

Nun balanciert einer der Teilnehmer auf dieser Linie, ungefähr wie beim Alkoholtest in der Polizeikontrolle. Gleichzeitig werfen ihm seine Kollegen entlang der Linie ganz triviale Fragen zu. »Wie ist das Wetter?«, »Wie heißt dein Vorgesetzter?«, »Welche Farbe hat dein Hemd?« Unser Teilnehmer versucht auf der Linie zu gehen und gleichzeitig diese einfachen Fragen zu beantworten.

Im zweiten Teil der Übung stellt sich einer aus der Gruppe an das Zielende der Linie. Wieder geht unser Teilnehmer auf dieser Linie entlang. Diesmal schaut er jedoch dem Kollegen, auf den er zugeht, in die Augen und beantwortet dabei seine Fragen.

Probieren Sie es in der Gruppe der Reihe nach aus, und dann vergleichen Sie Ihre Erfahrungen. Hat die Fokussierung auf eine Person und ein Ziel die Beantwortung der Fragen erleichtert? War es leichter, den Kurs mit dem Ziel im Blick und ohne Ablenkung von außerhalb dieser Zielgeraden zu halten?

11

Führung als Kontaktsport

Gehen Sie auf Tuchfühlung mit Ihren Kollegen und Mitarbeitern

Der Fall des Sören Berlebach

Manche Probleme gehen einfach weg. Andere weichen keinen Millimeter. Und wenn sie noch nicht angekommen sind, dann rollen sie mit der unaufhaltsamen Gewalt einer Tsunami-Welle heran. Wie der Vertriebsvorstands-Neffen-Scheißer. Zum Beispiel. Bo, der blonde Bengel.

»Er kommt leider nicht!« Doch keine Tsunami-Welle? Berlebachs Sekretärin war nicht immer sehr präzise mit ihren Informationen.

»Gar nicht?«

»Er kommt heute nicht. Irgendwas mit seinem Mofa.«

»Sein Moped ist kaputt und der taucht hier einfach nicht auf?« Binnen Bruchteilen von Sekunden sah Sören Berlebach sich in seinem Urteil über den Vertriebsvorstands-Neffen-Scheißer bestätigt. Das Muttersöhnchen kann nicht kommen, weil sein Muttersöhnchen-Moped nicht anspringt. Und wahrscheinlich ist der Gärtner mit dem Range Rover unterwegs. Das Leben kann so hart sein. Vorurteile wurden zum selbstgerechten Zorn. Ein wunderbares Szenario: Bo, der Bengel, kam nicht, und Berlebach konnte schmollen.

Dieses zufriedenstellende Arrangement dank eines defekten Mofas brachte etwas Ruhe in einen Vormittag, der auch so seine Probleme bescherte. Sie sorgten dafür, dass Bo, der Bengel, für kurze Zeit in Vergessenheit geriet. Eines der aktuellen Probleme war der Wunsch eines Kollegen aus dem Vertrieb, Berlebach solle an einer Vertriebskonferenz am übernächsten Wochenende teilnehmen. Der Kollege und Berlebach hatten es am Telefon bereits bis knapp vor eine offene Auseinandersetzung gebracht. Sie hatten es gerade noch geschafft, die rudimentärsten Höflichkeitsregeln einzuhalten.

Dann wurde die Auseinandersetzung per E-Mail weiter ausgetragen. Der Kollege bestand auf Belebachs Teilnahme. Er sei kein Vertriebs-Mitarbeiter, erläuterte Berlebach wortreich und faktenarm in seiner Antwort-Mail. Es sei an der Zeit, sich mit den Angelegenheiten des Geschäftsbereiches vertraut zu machen, dem er nun auch offiziell angehöre, konterte der andere. Berlebach platzte der Kragen, ganz systematisch und sauber. Aber er platzte. Er könne ja zusagen und dann nicht erscheinen. Vielleicht reiche bei ihm auch die Ausrede, dass sein Mofa nicht fahre. So beendete er seine letzte Mail. Und er glaubte für eine wunderbar befriedigende, aber schmerzhaft kurze Zeit, er habe den entscheidenden rhetorischen Schlag gelandet. Dann begann er darüber nachzudenken. Und je länger er darüber nachdachte, desto nervöser machte es ihn, dass er nun keine Antwort mehr aus dem Vertrieb bekam. Von diesem Zustand besorgter Fragen, ob er zu weit gegangen sei, war es nur noch ein kleiner Schritt: Nach dem Verstreichen von genau 23 Minuten war Berlebach in einem Zustand blanker Panik. Würde der Kollege die Mail an den Vertriebsvorstand weiterleiten? Die bislang abstrakte, unpersönliche E-Mail-Schlacht fühlte sich mit einem Mal erschreckend real und höchstpersönlich an.

Es war der Vertriebsvorstand höchstpersönlich, der Berlebach anrief. Der starrte für einige Sekunden auf das Display seines Telefons. Er kannte die Durchwahl mit der doppelten Null am Ende. Vorstand. Verdammt.

»Herr Berlebach, entschuldigen Sie die Störung. Ich weiß, Sie haben genug am Hals heute.« Der Vertriebsvorstand schaffte es, mit seinem Tonfall zu lächeln. Und Berlebach war es gar nicht nach Lächeln zumute.

»Äh, ja. Ich ... Sie wissen ja, wie das ist.« Er kam sich genauso dumm vor, wie er gerade klang.

»Ich wollte nur noch mal kurz selbst meinen Neffen entschuldigen. Seine Mutter ist heute Morgen in einen schweren Autounfall verwickelt worden.« Er machte eine wirkungsvolle rhetorische Pause. »Keine Sorge, es geht ihr schon wieder besser.«

Berlebach fror das Blut in den Adern. Mutter. Nicht Mofa! Mutter! Wie in »Sekretärin mit Hörschwäche«! Verdammt noch mal!

»Ja, ja, ... ich hatte schon gehört ...« Berlebach hatte große Lust, im Erdboden zu versinken. Aber wer auf der Vorstandsetage im Erdboden versinkt, kommt auf der Arbeitsebene wieder heraus!

»Ich weiß, Sie haben da Verständnis für, Berlebach. Der Junge steht morgen pünktlich um neun bei Ihnen auf der Matte, versprochen! Und wenn er nicht spurt, sagen Sie mir bitte Bescheid, Berlebach. Keine Privilegien für den Bengel.«

Berlebach nickte. Der Vertriebsvorstand hatte es offenbar gesehen und bedankte sich nochmals für Berlebachs Verständnis. Wie er das am Telefon machte, war Berlebach nicht klar. Sie verabschiedeten sich voneinander, nachdem Berlebach versichert hatte, dem Herrn Neffen werde Einblick in sämtliche Arbeitsbereiche geboten. Sein Arbeitsplatz warte bereits auf ihn. Und einen schönen Nachmittag noch.

»Übrigens Berlebach, wir sehen uns doch auf der Vertriebskonferenz, oder?«

Berlebach nickte wieder. Fügte aber hinzu: »Ja selbstverständlich. Wird bestimmt interessant. Danke.«

Wie Kommunikationstechnik Kommunikation verhindert

Was unseren tapferen Berlebach vom Pfad der Tugend abbrachte, war die scheinbar unpersönliche Auseinandersetzung per E-Mail. Ein modernes Phänomen. Und doch: Der Rückzug in die Anonymität ist so alt wie die Geschichte menschlicher Konflikte. Die alten Ritter verbargen bereits ihre Gesichter hinter Schutzschilden. Zum Tode Verurteilte bekamen einen schwarzen Sack über den Kopf gestülpt vor der Hinrichtung; der Henker trug eine Maske. Und seit der Erfindung des Automobils ist der Kleinkrieg mit dem Kleinwagen zum Volkssport geworden. Seine Steigerung in die automobile Raserei hat im Englischen mit »road rage« sogar einen eigenen klinischen Begriff geprägt.

Es ist eine missliche Ironie der Geschichte, dass ausgerechnet die größte Revolution in menschlicher Kommunikationstechnik uns in ein neues Reich der Anonymität und der Kommunikations-Verweigerung geführt hat. Hinter einer E-Mail-Adresse kann man sich mindestens genauso gut verstecken wie hinter dem Steuer eines Autos. Überall und immer wieder eskalieren dadurch Befindlichkeiten zu Streitigkeiten und dann zu ausgewachsenen Zerwürfnissen in unseren Unternehmen. Der Verlust an Arbeitszeit und Energie ist wahrscheinlich der größte »brain drain« der Wirtschaftsgeschichte.

Viele Firmen versuchen die Arbeitskraft ihrer Mitarbeiter zu schützen, indem sie privates Surfen im Internet unterbinden. Wäre es ihnen ernst mit diesem Ziel, sie würden besser die Nutzung der E-Mail für innerbetriebliche Auseinandersetzungen unterbinden. Was wahrscheinlich nicht leicht wäre.

Für die Produktivität und auch das Betriebsklima wäre eine Reduzierung des E-Mail-Verkehrs auf die Übermittlung von Fakten und Nettigkeiten ein großer Fortschritt. Wie in unserem Fallbeispiel des E-Mail-schreibenden Sören Berlebach, wird den meisten ihre anonymisierte Streitsucht zum Verhängnis.

Der Rückzug ins Unpersönliche als gesellschaftliches Phänomen

Die Auseinandersetzung mit diesem Thema lässt sich noch vertiefen. Anonymisierte Kommunikation ist nicht nur Teil des Internets mit seiner E-Mail und seinen sozialen Plattformen. Dort lassen sich beliebige Persönlichkeiten annehmen, die nichts mit der tatsächlichen Person zu tun haben. Auch im gesellschaftlichen Umgang miteinander haben wir unsere Kommunikation entpersonalisiert.

Das ist gelegentlich selbst dann der Fall, wenn wir mit oder über Personen reden. Wären die Kritiker von angeblich integrationsunwilligen Muslimen genauso mutig, wenn sie ihre Kritik den Kritisierten direkt vortragen müssten? Würde man sich nicht besser verstehen, wenn man sich in die Augen schaute, weil man vorsichtiger damit wäre, was man sagt? (Dabei geht es um ein besseres Verständnis, nicht um eine trügerische Harmonie.) Und würden alle Journalisten so gnadenlos urteilen, wenn sie ihre Ansichten über Menschen jenen, die von diesen Urteilen betroffen sind, ins Gesicht sagen müssten?

Der Moderator einer führenden öffentlich-rechtlichen Nachrichtensendung mahnte einmal in einer Redaktionskonferenz einen vorsichtigeren Umgang mit politischen Verurteilungen und unterschwelligen Diffamierungen an. Anlass für seinen Einwand war eine beiläufige abfällige Bemerkung über einen führenden Bundespolitiker. Sollten wir nicht über den Sender nur das sagen, was wir dem Kritisierten auch ins Gesicht sagen würden? Eigentlich ist das doch eine Selbstverständlichkeit. Sollte man meinen. Und doch sahen einige Kollegen unter einer solchen Prämisse ihre journalistische Freiheit eingeschränkt. »Dann könnten wir ja gar nichts mehr berichten«, war eine der pointierteren Reaktionen.

Mit dieser Einstellung bilden die Medien auch nur eine allgemeine gesellschaftliche Tendenz zur üblen Nachrede ab. Diese ist statthaft, wird sie nur unterhaltsam und laut genug vorgetragen. Der Kritiker kann sich dabei hinter seinem Lenkrad im Auto, einer E-Mail-Adresse, Online-Identität oder einem politischen Label verstecken. Sowohl für die politische Kultur in der Öffentlichkeit als auch für die Unternehmenskultur in zahllosen Betrieben ist dieser Trend gefährlich. Er behindert sachorientierte Effizienz zugunsten populistischer Geschwätzigkeit.

Wenn Manager persönlich werden

Wie lässt sich dieser Effekt ins Positive wenden? Der beschriebene Mechanismus hat zwei Seiten. Wie können Manager die Vorteile direkter Auseinandersetzung in einer zunehmend anonymisierten Umgebung für sich nutzen? Und wenn dies gelingt, wie lassen sich die Mechanismen des persönlichen Engagements auf die Welt der digitalisierten Kommunikation übertragen? Antworten auf diese Fragen bringen uns einen großen Schritt näher an unser Ziel. Wer mit besserer Kommunikation die Reibungsverluste vermeiden kann, die durch persönliche Auseinandersetzungen entstehen, hat einen großen Vorsprung vor seinen Konkurrenten. Und noch viel wichtiger: Er oder sie kann einen großen Beitrag zu einer gesünderen, glücklicheren und effektiveren Arbeitsumgebung leisten.

Bill Clinton, der frühere US-Präsident, wurde auf der Höhe seiner Popularität einmal gefragt, wie er es schaffe, selbst politische Gegner von seinen Zielen und Absichten zu überzeugen. Seine Antwort war einsilbig, aber beredt: »Engage!« – also sich selbst einbringen, den anderen einbinden, sich im besten Sinne des Wortes »engagieren«. Das nannte Clinton als sein Erfolgsrezept. Und es funktioniert auch außerhalb des Weißen Hauses.

Aikido: Kontakt halten

Wer den Kontakt zum Gegner hält, wird den Gegner kontrollieren können. Das ist eigentlich so offensichtlich, dass wir gar nicht bis in die Feinheiten einer asiatischen Kampfkunst schauen müssten, um das zu erkennen. Aber bei der physischen Auseinandersetzung im Aikido wird trotzdem vieles klarer.

Im Aikido ist es eine der größten Meisterschaften, die Distanz zum Gegner genau so zu wählen, dass man ihn spürt, ohne ihm die Reichweite zu bieten, die er für einen effektiven Angriff braucht. Erfahrene Meister wie Philippe schaffen es, völlig gelassen zu bleiben und gleichzeitig den Angreifer mit konzentrierter Anspannung zu beobachten. Dabei wird der Gegner nicht fixiert. Er wird nur wahrgenommen.

Die kleinste Variation in der Stellung, eine geringe Gewichtsverlagerung oder die Nuance einer Bewegung verändern die Situation. Der Angriff kann ein anderer werden oder aus einer anderen Richtung kommen. Für den Aikidoka heißt das: Unmittelbare Reaktionen sind erforderlich.

An diesem Punkt sind zwei Mechanismen für den Aikidoka von grundlegender Bedeutung. Zum einen ist dies die Fähigkeit zur intuitiven Reaktion. Sprich: Er muss seine defensiven Techniken so oft trainiert haben, dass er sie ohne großes Nachdenken anwenden kann. Er muss wissen, welche Technik in der gegebenen Situation die richtige ist. Der andere wichtige Mechanismus ist der ununterbrochene Kontakt zum Angreifer.

Diesen Kontakt kann man sich vielleicht am besten als Datenleitung vorstellen. Nur der konstante Fluss von Gegner-Daten stellt sicher, dass wir exakt reagieren können. Reißt der Datenfluss ab, weil die Leitung für einen Moment unterbrochen wird, kann der Angreifer verdeckt operieren. Wir können nur noch ahnen, was er tut. Es kommt zu Annahmen.

Schauen Sie sich einmal an, wie sich zwei Aikidoka während des Angriffes entgegentreten: Sie bieten durch ihre seitliche Stellung eine möglichst geringe Angriffsfläche. Sie gehen erst einmal aufeinander zu. Das ist Bill Clintons »engage«.

Erst dann fallen die Entscheidungen. Der Angreifer entscheidet sich für einen bestimmten Angriff. Der Verteidiger reagiert mit der entsprechenden Defensivtechnik. Erst bei Anwendung dieser Technik weicht der Verteidiger der direkten Angriffslinie aus, indem er entweder in die Körpermitte des Angreifers eintritt, das nennt man dann »Omote« (siehe Foto). Oder er weicht aus, indem er praktisch hinter den Angreifer tritt. Das wird mit »Ura« bezeichnet.

Interessanterweise wird Ura oft als eine verdeckte Technik gesehen, weil der Verteidiger hinter den Angreifer und somit außerhalb dessen Gesichtsfeldes tritt. Dies ist jedoch eine Kampftechnik, die angewendet wird, nachdem beide Gegner genau wissen, was sie tun und wen sie vor sich haben. Ura hat deshalb mit der Anonymität, in der oft unsere alltäglichen Konflikte ausgetragen werden, nichts zu tun. Beide Kämpfer wissen, woran sie sind.

Im Aikido – wie auch in den anderen Kampfkünsten – gibt es kein Verstecken in der Anonymität. Der Ehrenkodex »Bushido« der traditionellen japanischen Krieger, der Samurai, würde das auch verbieten. Im Gegenteil: Als höchste Schule der Kampfkünste gilt es, wenn es gelingt, den Gegner nur mit dem eigenen »Chi«, der eigenen inneren Energie zu besiegen. Deswegen gilt auch der Sieg ohne Kampf als die größte Leistung des Kämpfers. Unabdingbare Voraussetzung für diese am höchsten angesehene Fähigkeit ist für alle Kämpfer eine intensive Verbindung zwischen den Gegnern. Der große japanische Meister des Schwertkampfes aus dem 17. Jahrhundert, Tajima No Kami, hat es so ausgedrückt: »Wer die Kunst wirklich beherrscht, benutzt kein Schwert – der Gegner tötet sich selbst.«

Es gibt die legendäre Geschichte des alten und berühmten Meisters Tsukahara Bokuden. Er war Meister des Schwertkampfes und ein weithin bekannter Samurai. Als er eines Tages auf einer Fähre einen Fluss überquerte, fiel ihm ein junger und sehr stark aussehender Samurai auf, der lauthals mit seinen kämpferischen Fähigkeiten prahlte. Der junge Samurai bezeichnete sich als den japanischen Meister aller Kampfkünste. Und als er schließlich den deutlich älteren Meister Bokuden entdeckte, forderte er ihn heraus. Er sei doch auch ein Samurai. Warum er denn kein Wort sage.

Meister Bokuden versuchte, dem sich anbahnenden Streit aus dem Weg zu gehen. Die Worte des Jüngeren beträfen ihn nicht, sagte er, denn seine Kunst sei eine andere. In seiner

Kunst gehe es nicht darum, andere zu besiegen. Das Ziel sei vielmehr, nicht besiegt zu werden. Er habe den Kampf ohne Waffen erlernt, erklärte Meister Bokuden.

Der hitzköpfige und angeberische Samurai ließ nicht locker. Schließlich schlug der alte Schwertmeister vor, sie sollten sich auf einer kleinen einsamen Insel im Fluss duellieren. Der junge Samurai konnte es kaum erwarten und sprang hastig an Land. Meister Bokuden reichte seine Schwerter dem Kapitän der Fähre. Doch statt ebenfalls an Land zu springen, ergiff er den Stab des Fährmanns und stieß das Boot vom Ufer ab. Der Samurai tobte auf seiner Insel. Doch Meister Bokuden antwortete ihm ganz ruhig: »Das ist meine Art, ohne Waffen zu siegen!«

Für uns westlich geprägte Menschen erscheint diese Legende schlichtweg wie ein Märchen. Für den Budoka, den Schüler der Kampfkünste, hat sie so viel Nähe zur Realität wie der jahrhundertealte Menschheitstraum, irgendwann einmal zum Mond zu fliegen. Das haben wir schließlich auch geschafft. Auch wenn es nicht leicht war.

Ziel des Managers ist der Sieg ohne Kampf

Das Beschriebene macht endgültig offenbar, wie ganzheitlich der gedankliche Ansatz des Aikido ist – auch wenn man ihn auf das Management überträgt. Ohne Bodenhaftung, die richtige Balance, Respekt, Disziplin und Verantwortung wäre das Kontakthalten kaum mehr als eine inhaltslose Geste. Wen aber dieses Buch bis hierher geführt hat, der erkennt schnell: Der Kontakt zum Gegner oder zum Partner ist die Voraussetzung für den Manager, seine Konkurrenten zu neutralisieren und seine Mitarbeiter an sich zu binden, ihre Arbeit zu kontrollieren und ihnen doch das Vertrauen in Form größtmöglicher Freiheit entgegenzubringen.

Die meisten Mitarbeiter würde zum Beispiel schon die geringste Zweideutigkeit in einer anonymen E-Mail (auch wenn sie selbstverständlich den Manager als Absender erkennen) verunsichern. Eine kleine Detailkritik kann da schon zu Existenzängsten führen. Stellen Sie sich vor, dieselbe Kritik wird hingegen – eingebunden in eine verbalisierte Wertschätzung des Mitarbeiters – in einem persönlichen Gespräch geäußert. Sie dürfte viel konstruktiver wirken. Stellen Sie sich selbst in dieser Situation vor. Greifen Sie um so viele Stufen in der Hierarchie über sich, wie Sie einem einzelnen Mitarbeiter übergeordnet sind. Und überlegen Sie sich, wie Sie sich ein Gespräch mit Ihrem Vorgesetzten auf jener Ebene wünschen würden.

Der direkte Augenkontakt, das Handgeben oder gemeinsam einen Kaffee zu trinken sind kultivierte und gelegentlich unterschätzte Gesten der Wertschätzung und des Respekts. Schon diese Gesten können helfen, einen Konflikt einer Lösung näherzubringen. Sie schaffen Nähe anstelle von Anonymität. Wäre es nicht weise, schon diese kleinen »Selbstverständlichkeiten« für sich zu nutzen? Dabei geht es – das ist uns wichtig – nicht um einen Konflikt vermeidenden Kuschelkurs. Auch nicht um Ansichtskarten aus dem Urlaub. Vielmehr meinen wir mit Kontakthalten, dass bei jeder Angelegenheit, jedem »Issue«, der Kontakt zu den Akteuren gesucht wird. Nur so lässt sich feststellen, wie etwaige Konflikte erfolgreich aufgelöst werden können. So ließ sich der weise Tsukahara Bokuden scheinbar auf den Kampf mit dem hitzköpfigen Samurai ein, nur um diesen auf einer einsamen Insel auszusetzen. Sein Sieg über den Samurai war zwangsläufig. Er war eher ein Einlenken des Gegners als eine Niederlage. Auch wenn der hitzköpfige Herausforderer natürlich nicht ganz freiwillig eingelenkt hatte; was blieb ihm denn alleine auf seiner Insel anderes übrig!

Vergleichbar mit dieser Legende blieb auch unserem guten Berlebach nichts anderes übrig, als der Teilnahme am Vertriebsseminar zuzustimmen. Die im Gespräch mit dem Vertriebschef entstandene Dynamik ließ praktisch gar keine andere Reaktion zu. Der Konflikt löste sich so in Luft und buchstäblich in Wohlgefallen auf. Berlebach wird auf persönliche Einladung des zuständigen Vorstandes an der Tagung teilnehmen. Und er wird nun sicherstellen, dass Bo, der Bengel, während seines Praktikums zu Hause voller Begeisterung von seinem Vorgesetzten Berlebach und seiner Abteilung berichtet.

Der Kontakt wirkt in beide Richtungen

Auch hier ist entscheidend für den Manager, dass die Kontaktaufnahme in zwei Richtungen wirkt: Erstens macht das Herstellen eines Kontaktes zum Gegenüber ihn selbst zu einem besseren Manager. Zweitens macht es ihn auch in seiner Persönlichkeit stärker.

Der erste Effekt ist beinahe selbsterklärend. Wer es schafft, einen persönlichen Kontakt zu seinen Mitarbeitern herzustellen, dem wird es leichter gelingen, diese Mitarbeiter zu motivieren. Es ist die alte Geschichte: Man muss wissen, woher man kommt, um herauszufinden, wo man hin will. Und der Manager sollte wissen, wo sich ein Mitarbeiter mental befindet, um ihn für ein bestimmtes Ziel zu motivieren.

Es gibt Manager, die dafür einen sehr rudimentären Instinkt haben: Sie schaffen es, Mitarbeiter zu manipulieren, indem sie diese zu vermeintlichen Vertrauten machen. In der Arbeit mit Führungskräften eines großen Technologiekonzerns begegneten Robert und seinen Kollegen immer wieder Führungskräfte, die von Schlüsselerlebnissen mit dem früheren Vorstandschef dieses Konzerns berichteten. Ihre Geschichten glichen einander wie ein Ei dem anderen. »Als ich damals mit Manni Manipulator (Name geändert) abends beim Bier saß, da sagte er zu mir, ›ich brauche dich da!‹« Auf diese Weise haben diese Manager nicht nur neue und einflussreiche Positionen erhalten, sondern waren auch vom obersten Konzernchef persönlich in die Pflicht genommen worden – ohne dass es einen beiderseitigen Kontakt auf Augenhöhe gegeben hätte.

Diese Art der »Kontaktaufnahme« ist vor allem unter den Managern vom »alten Schlag« weit verbreitet; jenen, die Unternehmen steuern wie früher Formel-Eins-Fahrer ihre Autos: mit Gefühl statt mit genauer Kenntnis der wirkenden Kräfte. Sie vergessen dabei oft, mit welchem Körperteil jene alten Formel-Eins-Recken die Straße spürten und dass sich dieser Körperteil im modernen Management höchstens in langen Sitzungen noch gewinnbringend einsetzen lässt.

Bessere Entscheidungen auf breiterer Basis

Vielleicht ist dies der richtige Punkt, um die Suche nach dem »richtigen« Kontakt aufzunehmen. Womit wollen wir diesen Kontakt herstellen? Um die Motive eines Mitarbeiters verstehen zu können, sollten wir etwas über sein faktisches Befinden und seine emotionale Wahrnehmung erfahren. Wir müssen also mit dem Kopf und mit dem Herzen Kontakt aufnehmen.

Die Sache mit dem Kopf fällt den meisten Managern leicht. Gegen die Sache mit dem Herzen haben viele schon vorab Vorbehalte: Sie verwechseln das Zuhören mit dem Herzen mit einer Art weichgespültem Schmusekurs. Dieser Eindruck ist aber falsch. Es ist durchaus möglich, mit dem Herzen die emotionale Situation eines Mitarbeiters zu verstehen und dann mit aller Härte zu reagieren; zum Beispiel, wenn dieser Mitarbeiter seinen Zorn nicht im Griff hat und zur Gewalt neigt. Ist der Manager aus vernünftigen Gründen nicht bereit,

Gewalt am Arbeitsplatz auch nur ansatzweise zu tolerieren, wird er hart durchgreifen. Sein Verständnis für die missliche Situation des Mitarbeiters kann ihn aber gleichzeitig dazu bringen, diesem Hilfe anzubieten.

Das Zuhören mit dem Herzen ist nichts für Weicheier. Denn wer mit dem Herzen zuhört, öffnet sich für emotionalen Input. Mit diesem Input wird es dem Manager oftmals schwerer fallen, eine Entscheidung zu treffen. Immerhin hat der Entscheidungsprozess durch das Hinzufügen der emotionalen Komponente eine zusätzliche Dimension bekommen. Es fällt jedoch leichter, die *richtige* Entscheidung zu treffen. Und darauf kommt es schließlich an. Dies ist der Grund, warum eine wirkliche Kontaktaufnahme mit Mitarbeitern Manager effektiver und damit besser macht: Sie fällen auf der Grundlage eines ganzheitlichen Bildes der Situation qualifiziertere Entscheidungen.

Mensch sein macht glücklich

Schauen wir in die andere Richtung: Die Kontaktaufnahme mit dem Gegenüber ist für den Manager zunächst aus Gründen der Effizienz sinnvoll. Der intensive Kontakt macht die Mitarbeiter zu besseren Mitarbeitern und somit auch den Manager zu einem besseren Manager.

Aber die Vorteile gehen darüber hinaus. Ein intensives Kontakthalten sichert dem Manager seine Verbindung zur »Außenwelt«. Es wurde bereits auf die Einsamkeit an der Spitze eingegangen. Die Aufnahme eines gegenseitigen Kontaktes auf Augenhöhe ist für den Manager ein wirkungsvolles Instrument gegen diese Einsamkeit. Es mag manchmal lästig sein, mit den Befindlichkeiten der Kollegen und Mitarbeiter Tuchfühlung aufzunehmen. Aber es relativiert auch die eigenen.

Kontakt verhindert zudem die Entwicklung einer Bunkermentalität und die aus ihr leicht resultierende komplette Isolation. Stellen Sie sich vor, Sie würden sich in einem dunklen Raum befinden, in dem Sie nicht sehen können, was auf Sie zukommt. Diese Situation dürfte Führungskräften nicht ganz unbekannt sein, da sie sich immer wieder auf unbekanntem Terrain befinden. Wenn Sie wüssten, dass es einen anderen Akteur in diesem dunklen Raum gibt, was wäre Ihnen lieber? Diesen Akteur nicht zu spüren, obwohl Sie um seine Anwesenheit wissen? Oder hätten Sie lieber einen Kontakt, der es Ihnen ermöglicht, Bewegungen und Aktionen des Unbekannten zu spüren?

Ein Mangel an Kontakt in einem solchen Fall führt beinahe zwangsläufig zu Fehlannahmen, einer defensiven Haltung und letztendlich zu Fehlreaktionen oder präventiven Aktionen, die am Ziel vorbei oder darüber hinaus führen. Nur wer in der Dunkelheit den Kontakt hält, kann sich dessen gewiss sein, dass er nicht böse überrascht wird.

Physisch ist der dunkle Raum natürlich ein eher seltener Ort für den Manager. Im übertragenen Sinn ist er jedoch das, was seine Kunst ausmacht: auf bislang unbekanntem Terrain neue Wege zu finden; bislang unbekannten Raum zu erobern; Platz für seine Produkte oder Dienstleistungen zu schaffen.

Es ist immer wieder zu beobachten, dass Unternehmen ihre Führungsposition beinahe freiwillig aufgeben, weil ihre Führungskräfte den Kontakt zu Mitarbeitern und Kunden verloren haben. Manager hingegen, die diesen Kontakt pflegen und für sich nutzen, fühlen sich in der Regel sicherer im Umgang mit Kunden, Mitarbeitern und Kollegen. Sie agieren aus einer aufrechten statt defensiven Haltung. Wie dem Aikidoka bringt diese Haltung auch ihnen Kraft und Stabilität.

Sprich: Gegenseitiger menschlicher Kontakt mit Mitarbeitern macht Manager zu glücklicheren Menschen. Das macht sie zu glücklicheren Managern. Das ist der Umkehreffekt für den Manager. Und weil glücklichere Manager bessere Manager sind, beginnt sich auch hier die Aufwärtsspirale des Erfolges zu drehen.

In der englischen Sprache hat sich aus dieser Erkenntnis ein weiteres deutsches Wort etabliert: »He is a mensch!« Es bedeutet ungefähr so viel wie James Bakers »He made people feel good!«. Wer das schafft, sich selbst einschließend, hat als Manager eine ganze Menge an Startkapital und außerdem mehr Freude an der Arbeit.

Gesagt, getan? Beides ist nicht leicht. Das »gesagt« haben wir jetzt. Wie setzen wir das Ganze ins »getan« um?

Die Übung des Sensei

Probieren Sie es doch mal mit der Übung im dunklen Raum. Diese Übung ist etwas aufwändiger, aber sehr anschaulich: Begeben Sie sich mit einem Kollegen, dem Sie vertrauen, in ein Zimmer, das Sie komplett abdunkeln können. Stellen Sie sich gegenüber hin und legen Sie die Handkanten aneinander.

Nun schalten Sie das Licht aus. Versuchen Sie, als Erster ein vorher festgelegtes Ziel im Raum zu erreichen. Das vielleicht naheliegende Vorgehen wäre, einfach den Kontakt zu lösen und im Sauseschritt Richtung Ziel zu flitzen. Sie sehen jedoch das Ziel im Dunkeln nicht. Sie kennen bestenfalls die ungefähre Richtung dorthin. Eventuelle Hindernisse sind nicht sichtbar. Und Ihr Übungspartner wird dasselbe tun, wenn Sie loslaufen. Sie befinden sich somit buchstäblich auf einem Kollisionskurs.

Versuchen Sie, den Kontakt an den Handkanten zu halten. Und nun bewegen Sie sich langsam. Achten Sie auf die Richtung, die Ihr Übungspartner einschlägt. Ist es dieselbe, die Sie einschlagen wollten? Die Richtung, die Sie beide letztendlich einschlagen werden, wird ein unausgesprochener Kompromiss sein. Es ist eventuell nicht der kürzeste Weg. Aber den hätten Sie alleine auch nicht gefunden. Dieser gemeinsame Weg jedenfalls wird Sie beide unbeschadet ans Ziel führen. Und wer hatte denn gesagt, dass Sie gegeneinander arbeiten müssten, um dieses Ziel zu erreichen?!

Viertes Buch

Die richtigen Werkzeuge

Jeder Krieger braucht seine Waffen, wenn er in die Schlacht zieht. Manager müssen sich wichtige Faktoren ihrer Arbeitsumgebung zur Waffe machen. Dabei ist es entscheidend, nicht von Hilfsmitteln abhängig zu werden, die vielleicht nicht überall verfügbar sind.

12

Zeit – der Igel gewinnt das Rennen

Die Lehre von der Effizienz
der Langsamkeit

Der Fall des Sören Berlebach

Es war eine wohltuende Abwechslung vom Alltag. Vor allem, weil dieser Alltag in den letzten Wochen alles andere als gemächlich verlaufen war. Der Machtkampf mit der Marketingabteilung und die Affäre um die Großmutter mit der verlängerten Garantie hatten an seinen Kräften gezehrt. Ein paar Wochen musste Berlebach noch durchhalten. Dann hatte er seinen Urlaub geplant. Und er hatte sich die Erholung redlich verdient.

Aber immerhin! Da war ja die eine Woche Dienstreise nach Bangkok mit dem Vorstandsvorsitzenden und dem Vertriebsvorstand. Eine ideale Chance, die eine oder andere Idee beim Letzteren loszuwerden. Und vielleicht ein paar geruhsame Stunden am Hotelpool zu verbringen. Doch zuerst mal winkten ihm neun Stunden in der Business-Klasse; das war der Vorteil, wenn man mit den Vorständen reiste. Berlebach wollte die Zeit dazu nutzen, das neue Kommunikationskonzept noch einmal zu überarbeiten. Er würde es dann auch gleich dem Vertriebsvorstand unterjubeln, irgendwo zwischen Frühstück und Landung.

Kaum hatten sie ihre geräumigen Plätze eingenommen, machte sich Berlebach an die Arbeit. Er klappte seinen Laptop auf und öffnete das entsprechende Dokument.

»Berlebach, was soll das denn werden?«, fragte der Vorstandschef mit einem Grinsen.

»Das neue Kommunikationskonzept.« Berlebach hoffte, dass der Chef nachfragen würde. Wenn er es ihm verkaufen konnte, konnte der Vertriebsvorstand ja kaum noch etwas dagegen tun.

»Na, da hätten wir ja viel Geld sparen können.«

Berlebach schaute etwas verwirrt von seinem Computerbildschirm auf. Er sagte »Cola light, bitte!« an die Adresse der Stewardess gerichtet, die ihm gerade ein Glas Champagner unter die Nase gehalten hatte.

»Wenn Sie sowieso arbeiten wollen und Brause trinken, dann hätten Sie ja auch in der Economy fliegen können!« Der große Chef machte sich offenbar ein bisschen lustig über ihn. Dann klopfte er ihm betont väterlich auf die Schulter.

»Entspannen Sie sich, Berlebach. Genießen Sie den Flug. In Bangkok wartet genug Arbeit auf uns!«

»Wer rastet, der rostet, Herr Vorstandsvorsitzender.« Berlebachs Bemerkung war wenig originell. Aber er rang gerade mit einer gefährlichen Mischung aus Scham und Zorn.

»Beim Rosten unterscheidet sich halt der gewöhnliche Stahl vom Edelstahl, Berlebach. Machen Sie nicht so lange, sonst macht Ihnen Mama das Licht aus.« Und er deutete mit dem Kinn auf die Purserin, die deutlich erfahrener schien als ihre hübschen Kolleginnen.

Die nächsten zwei Stunden schmollte Berlebach. Genießen Sie den Flug. Ha, ha ... die Vorstandssäcke hatten gut reden. Irgendjemand musste ja die Arbeit tun. Nur von großen Reden und klugen Sprüchen konnte das Unternehmen wohl kaum leben.

Berlebach widmete sich wieder seinem Kommunikationskonzept. Als er es überarbeitet hatte, war die Maschine irgendwo über dem Schwarzen Meer, und die beiden Vorstände waren schon beim Digestif. Als Berlebach gegessen hatte, schlief der Vorstandschef. Der Vertriebsonkel nippte an seinem zweiten

Single Malt Whisky. Berlebach beschlich das Gefühl, dass das Kommunikationskonzept diese Nacht sicherer in den Tiefen seines Laptops war. Vielleicht hatte der Alte recht gehabt – er hätte den Flug genießen sollen. Der Gedanke ärgerte ihn noch, als sie bereits Indien überflogen.

Es war früher Nachmittag, Ortszeit, als sie landeten. Berlebach war hundemüde. Erst wegen der vielen Arbeit, dann vor Ärger hatte er die Augen nicht zugemacht. Er hatte sich schließlich mit drei Gläsern eines sehr guten Rotweins beruhigt. Der arbeitete jetzt mit einem ganz feinen Bohrer von innen an seiner Schädeldecke. Berlebach freute sich auf den Pool.

»Berlebach, was halten Sie davon: Kurz duschen und dann machen wir eine kleine Stadtrundfahrt. Danach Abendessen und ein ganz gepflegter Absacker an der Patpong Road.« Das berüchtigte Vergnügungsviertel am Nachtmarkt. Berlebach ahnte Schlimmes. Die großen Jungs wollten spielen, und er würde gute Miene zum bösen Spiel machen müssen. So viel zum Thema »Nachmittag am Pool«. Willkommen in Bangkok, Herr Berlebach, sagte er sich selbst.

Geschwindigkeit ist gleich Weg durch Zeit durch dich

In seinen Rhetoriktrainings macht Robert oft die Erfahrung, dass viele Redner glauben, sie sprechen zu schnell. Die alte Mahnung der Eltern vor dem Schulbesuch »Rede laut und deutlich und vor allem langsam, Junge, sonst versteht dich niemand«, wird für viele Menschen zur mentalen Altlast.

Bei genauer Analyse wird meistens deutlich: Die wenigsten reden wirklich zu schnell. Ihre Sprechgeschwindigkeit unterscheidet sich gar nicht von der anderer Redner und nur geringfügig von der professioneller Sprecher, zum Beispiel im Fernsehen oder Radio.

Was lässt Menschen glauben, es gehe zu schnell voran?

Geschwindigkeit ist laut Definition die zurückgelegte Wegstrecke pro Zeiteinheit. Da gibt es eigentlich nicht besonders viele Variablen. Und trotzdem nehmen wir Geschwindigkeit subjektiv sehr unterschiedlich wahr. Das »Ich« scheint ein ungenannter Faktor in dieser Formel zu sein.

Mit unserem tapferen Herrn Berlebach saßen wahrscheinlich rund 300 Menschen in demselben Flugzeug. In der Regel und wenn nichts dramatisch schiefgeht, fliegen Flugzeugpassagiere in derselben Maschine zur selben Zeit los und kommen zur selben Zeit an. Und doch kämen wahrscheinlich bei einer Befragung der Fluggäste, ob sie ihre Reise als hektisch empfanden, sehr unterschiedliche Ergebnisse heraus. Dabei dürfte unstrittig sein, dass sie alle mit derselben Geschwindigkeit geflogen sind. Was macht also das individuelle Gefühl von Hektik aus? Es muss mehr Faktoren geben für dessen Wahrnehmung als nur die zurückgelegte Strecke und die verstrichene Zeit.

Wir erfahren diese Art der subjektiven Empfindung von Zeit schon sehr früh. Als Kind dauert die Zeit bis Weihnachten unendlich lang. Die Erwachsenen klagen, die Zeit fliege und schon wieder sei ein Jahr vergangen. Dann kommen wir aus der Schule, die uns einen halben Tag semi-tödliche Langeweile bereitet hat. Und zu Hause klagt die Mutter, man komme ja zu nichts, so ein halber Tag vergehe wie im Flug. Womit sich der Kreis schließt.

Das Kunststück der hektischen Ineffizienz

Ein inzwischen erfolgreicher Unternehmensberater hatte, als er noch Angestellter eines großen Konzerns war, ein Bewerbungsgespräch beim Vorstandsvorsitzenden. Er hatte sich für die Leitung einer großen Abteilung beworben. Anwesend war neben dem Personalchef auch der Mann, der sein neuer Chef geworden wäre. Alles lief einigermaßen erfreulich, bis die spannende Frage kam: »Sie gehen gerade durch eine familiär schwierige Zeit?« Der Mann hatte sich gerade von seiner Frau getrennt. »Sie haben auch eine Tochter. Glauben Sie denn, dass Sie den zeitlichen Ansprüchen dieses Jobs gerecht werden können?«

»Inwiefern?« Die Frage leuchtete dem Bewerber wirklich nicht ein.

»Sie glauben doch nicht, dass Sie in diesem Job, für den Sie sich beworben haben, mit den tariflichen 37,5 Wochenstunden auskommen!«

Der Bewerber hatte in diesem Moment das Gefühl, an einem ganz wichtigen Punkt zu stehen. Einem Punkt, an dem es auch darum ging, inwieweit er sich in seinem neuen Job gängeln lassen würde. Wenn er diese Stelle überhaupt bekommen sollte. Das würde sich in den nächsten Sekunden entscheiden.

»Wenn Sie mich fragen, ob ich bereit bin, Überstunden zu machen, lautet die Antwort: Ja. Das habe ich auch in der Vergangenheit immer wieder gezeigt.« Die Fragenden schienen beruhigt, aber er war noch nicht fertig.

»Wenn Sie mich jedoch fragen, ob ich der Meinung bin, dass man diesen Job insgesamt in der normalen Arbeitszeit erledigen kann, lautet die Antwort ebenfalls Ja.«

»Sie glauben, Sie können diese Aufgabe in der ganz normalen Arbeitszeit erfüllen.«

»Ja.«

Es erübrigt sich die Feststellung, dass unser Bewerber die neue Stelle nicht bekommen hat. Heute lacht er gerne über diesen Moment. Ihm ist heute klar, dass er seinen Vorgesetzten einen Spiegel vorhielt und dass das Bild, das er ihnen da zeigte, wenig schmeichelhaft war.

Wie in so vielen Unternehmen hatte sich dort eine Kultur der größtmöglichen Präsenz etabliert – wobei Präsenz in diesem Fall wirklich nur physische Anwesenheit bedeutete. Führungskräfte verbrachten jeden Tag Stunden in ineffizienten Sitzungen und mit dem Verfassen von seitenlangen Papieren, die nie gelesen wurden. Der Rest der Arbeitszeit ging für interne Intrigen drauf. Wenn in den Abteilungen Führung stattfand, war das mehr oder weniger Zufall und hatte nichts mit dem Verfolgen einer unternehmerischen Marschrichtung zu tun. Ein flauschiges Arbeits-Plätzchen, wie man es immer wieder findet. Besonders häufig und ausgeprägt scheint diese »Unternehmenskultur« in öffentlichen oder quasi-öffentlichen Einrichtungen und Unternehmen zu sein.

Unser Bewerber war damals in einer wunderbaren Situation: Er konnte nicht verlieren! Er wollte den Job, aber er wollte ihn nicht unbedingt. Mit ihrer eigentlich harmlosen Frage hatten seine Beinahe-Vorgesetzten unwissentlich und mit seltener Effizienz genau den Finger auf die Wunde gelegt: Das war der Grund, warum unser Mann Bedenken hatte, den neuen Job überhaupt anzutreten. Er wollte eigentlich nicht in einer Umgebung leben, die von ihm erwartete, seine Zeit zu verschwenden.

Heute ist unser Bewerber von damals seit mehr als einem Jahrzehnt Freiberufler. Er arbeitet deutlich mehr als 37,5 Stunden in der Woche. Aber er ist glücklich und erfolgreich.

Die Kunst der effizienten Langsamkeit

Es ist eine Frage, welche die meisten vielbeschäftigten Manager umtreibt: Wie können sie ihre Zeit so einteilen, dass sie das Gefühl haben, ihre Arbeit schaffen zu können, und dass nach der Arbeit noch etwas Leben übrig ist?

Die Antwort mag den einen oder die andere überraschen: Warum wollen Sie das?

Geht es wirklich darum, Arbeitszeit so zu rationieren, dass

mehr Lebenszeit übrig bleibt? Das, was man aus der amerikanischen Arbeitskultur als Mehr an »quality time« übernommen hat, also eine Gewichtsverlagerung von Arbeitszeit zu Lebenszeit? Wie wäre es stattdessen, die Arbeitszeit erstens lebenswert und zweitens effektiver zu gestalten? Genau das ist schließlich der Ansatz dieses Buches: der Weg zum glücklichen, effizienten und somit erfolgreichen Manager.

Damit sind keine Blümchen auf dem Fensterbrett der Amtsstube gemeint. Auch nicht der schnelle Besuch im Fitnessclub in der Mittagspause. Oder der Mokka-Moccacino-Frappucinissimo zum Millionärspreis im Pappbecher. Und wer glaubt, dass Wellness automatisch etwas mit Wohlbefinden zu tun hat, irrt auch. Oftmals sind dies alles bloße Zerstreuungen, die den Leidensdruck nur erhöhen, weil wir weder wirklich die Zeit noch das Geld haben, sie zu genießen.

Pausen – der feine Unterschied zwischen Dynamik und Hektik

Kehren wir noch mal für einen Moment zurück zu dem Beispiel jener, die glauben, sie redeten zu schnell. In seinen Rhetoriktrainings stößt Robert fast immer auf dieselbe Ursache: Seine Trainingsteilnehmer wissen, dass sie öffentlich reden müssen. Und viele von ihnen bekunden auch, dass sie das gerne tun. Aber es ist manchmal nur ein Lippenbekenntnis, allzu laut vorgetragen, wie das Pfeifen des Ängstlichen im Walde.

Unternehmen wie die Deutsche Telekom investieren sehr viel Geld und Zeit in Mitarbeiterveranstaltungen, bei denen Führungskräfte im Rampenlicht stehen. Das ist eine sehr effektive Form, eine Kultur der Verantwortlichkeit zu etablieren. Führungskräfte sind so gezwungen, buchstäblich »ihr Wort« zu geben, was ihre Pläne und Absichten angeht, und dafür nächstes Jahr im wahrsten Sinne des Wortes Rede und

Antwort zu stehen. Mitarbeiter werden eingebunden und haben an der Entwicklung von Strategien und Visionen teil.

Das ist eine gesunde Kommunikationskultur. Aber sie stellt Führungskräfte natürlich auch vor eine große Aufgabe. Viele von ihnen fühlen sich in eine Rolle als Bühnenperformer gedrängt. Sie meinen, sie müssten nun etwas Besonderes besonders schön sagen.

Viele Führungskräfte aus allen möglichen Unternehmen und Organisationen glauben, dass sie bei solchen Gelegenheiten zu schnell reden. Die gemeinsame Analyse beim Rhetoriktraining fördert meistens zutage: Ihre Sprechgeschwindigkeit ist genau richtig, ihre Atmung ist viel zu flach, sie machen praktisch keine Pausen und sie fühlen sich irgendwie »gehetzt« während öffentlicher Redeauftritte.

All dies ist weder erstaunlich noch besonders problematisch. Es ist vielmehr eine Kettenreaktion, die ihren Ursprung in der mentalen Grundeinstellung der Teilnehmer hat. Die Kette der Gedanken sieht oft ungefähr so aus: Ich fühle mich unter Druck. Ich bringe das schnell hinter mich. Ich atme kurz ein und los geht's! Ich mache keine großen Pausen; nur so viel, dass ich kurz einatmen kann.

Diese unbewusste Selbstbeschleunigung führt häufig zu Frust und dem dumpfen Gefühl: Das hätte ich auch besser machen können! Feedback wird deshalb ganz verhindert oder auf den Input jener reduziert, die sich zum Applaus verpflichtet fühlen.

Gelingt es, diese Grundeinstellung zu ändern, wird die Kettenreaktion zur Aufwärtsspirale und zum positiven Lernprozess. Die gedankliche Kette könnte dann ungefähr so aussehen: Ich fühle mich wohl. Ich mache das jetzt richtig! Erst mal tief Luft holen. Ich mache Pausen, in denen ich durchatme und die Reaktion des Publikums genieße.

Beide Redner haben äußerlich betrachtet genau dasselbe gemacht, nämlich eine Rede gehalten. Aber bei jenen, die für sich bewusst eine positive Situation geschaffen haben, wird am Ende das Gefühl stehen, dass sie so gut waren, wie sie sein konnten. Sie sind gespannt auf das Feedback und freuen sich auf die daraus resultierenden Lernprozesse.

Gelingt diese Umkehrung durch eine andere Grundeinstellung, erübrigen sich alle aus der alten gehetzten Einstellung resultierenden Probleme von selbst. Der öffentliche Auftritt wird zur positiven Erfahrung. Nun kann der geneigte Manager weiter an Feinheiten arbeiten und sein öffentliches Reden perfektionieren.

Und das Allerwichtigste ist: Redner, die sich Zeit lassen, fühlen sich nicht mehr von den Ereignissen getrieben. Sie selbst kontrollieren die Situation. Und schon nach dem nächsten Auftritt berichten die meisten, sie fühlten sich nicht mehr gehetzt. Das Reden habe nun wirklich Spaß gemacht.

Aikido – wenn der Weg das Ziel ist, ist Eile eine Dummheit

Wir alle kennen die Fabel vom Wettrennen zwischen Hase und Igel. Und es gibt Tausende Sprichwörter, Redensarten und Anekdoten, die deren Grundaussage widerspiegeln: Langsam geht schneller. Weniger ist mehr.

Es gibt kaum einen Ort – außer vielleicht einige von Schildkröten bewohnte Strände auf den Galapagos-Inseln –, an dem die Langsamkeit so systeminhärent ist, wie im Aikido-Dojo. Obwohl diese Kampfkunst von wahren Meistern mit blitzartiger Schnelligkeit ausgeführt wird, ist ihr Erlernen eine Übung in Geduld und Langsamkeit. Und das gleich auf zwei Ebenen: Erstens werden neue Techniken beinahe in Zeitlupe geübt, bis sie so sicher beherrscht werden, dass ihre Anwendung schneller geschehen kann, ohne bleibende Schäden bei den Ausführenden anzurichten. Zweitens bleiben Aikido-

Schüler immer Aikido-Schüler, selbst wenn sie hohe Meistergrade erreicht haben. Das schnelle Erreichen eines bestimmten Zieles wird dadurch praktisch unmöglich gemacht. Der Aikidoka ist zu lebenslangem Lernen »verdammt«.

Wenn ein Aikidoka eine neue Technik erlernt, geschieht das mit akribischer Langsamkeit: Der gesamte Bewegungsablauf wird in einzelne Teile zerlegt, nach deren jeweiligem Abschluss der Schüler innehält. An diesem Punkt überprüft er mit Hilfe eines erfahrenen Übungspartners und unter Anleitung des Sensei alle Aspekte seiner Technik. Stehen seine Füße richtig? Ist sein Oberkörper aufrecht? Agieren seine Hände in dem Feld maximaler Kraft und Energie vor seinem Körper? Stimmt die Distanz zum Gegner? Erst wenn alle diese Aspekte überprüft und gegebenenfalls korrigiert sind, geht es mit dem nächsten Bewegungsabschnitt weiter.

Es ist ein beinahe schmerzhaft langsamer und gründlicher Prozess. Es kann je nach Technik und Übungsfleiß Jahre dauern, bis aus dem schneckenartigen Vortasten eine fließende Bewegung geworden ist. Der einzige Trost ist: Würde man diesen Prozess rascher durchlaufen, wäre er deutlich unangenehmer. Wer meint, er könnte das Ganze ein bisschen beschleunigen, indem er seine Bewegungen schneller ausführt, befindet sich – vor allem als Anfänger – auf dünnem Eis. Ein erfahrener Übungspartner könnte mit derselben Schnelligkeit, aber mit deutlich effektiverer Technik reagieren. Es könnte Verletzungen geben. Wahrscheinlich wird aber vorher der Sensei einschreiten und den Schüler zur Geduld und Langsamkeit mahnen: Es gibt keine Abkürzungen.

Genauso langsam ist der Fortschritt des Aikidoka durch die verschiedenen Leistungsstufen bis hin zu den schwarzen Gürteln. Zwischen den Prüfungen vergehen Jahre. Mindest-Zeitabstände zwischen einzelnen Prüfungen machen hastige Eile schon aus formalen Gründen unmöglich. Und selbst wenn irgendwann der begehrte 1. Dan, also der erste schwarze Gürtel erreicht ist, ist die Reise nicht zu Ende. Es gibt weitere Stufen darüber. Und ab dem 5. Dan werden die Meistergrade nur noch verliehen, nicht mehr geprüft.

Dieses System sorgt für eine große Ruhe unter Aikidoka. Es gibt kein Gerangel, wer wohl am schnellsten welchen Grad erreicht. Jeder arbeitet an sich selbst und geht unter Anleitung des Sensei den nächsten Schritt, wenn er reif dafür ist.

Entschleunigung ist Fokussierung

Wie lassen sich nun diese Erfahrungen in den Management-Alltag übertragen? Können die Lehren des Aikido uns helfen, unser Leben zu entschleunigen? Kann Arbeitszeit dadurch gar zur Lebenszeit werden? Das wäre ein echter Zugewinn, sowohl für den Manager als auch für sein Unternehmen. Denn wieder einmal gilt die Regel: Der glücklichere Manager ist der bessere Manager.

Beim Aikido in Philippes Dojo ebenso wie bei den Rhetorikübungen, die Robert mit seinen Lehrgangs-Teilnehmern macht, ist Fokussierung der Kern der Entschleunigung.

Redner sind dann fokussiert, wenn sie nur mit dem Publikum reden, nicht abgelenkt sind und vor allem: wenn kein Gedankenprozess parallel zum Reden läuft. »Ich hab euch etwas zu sagen. Das ist mir wichtig!« Das ist die Grundhaltung, mit der gute Redner vor ihr Publikum treten und die Situation im Griff haben. Und wer die Situation im Griff hat, wird auch nicht zum Getriebenen.

Dasselbe gilt beim Aikido: Aikidoka widmen sich voll und ganz dem Erlernen der jeweiligen Technik. Es gibt keine störenden Einflüsse oder Ablenkungen. Und wenn erfahrene Aikidoka gleich mehrere Angreifer abwehren müssen, fokussieren sie ihre Abwehrtechniken immer nur auf den unmittelbar Angreifenden. So gelingt es ihnen, trotzdem eine beinahe befremdliche Ruhe und Gelassenheit auszustrahlen. Sie reagieren nicht möglichst schnell, sondern sie agieren genau im richtigen Moment schnell. Sie lassen den Gegner angreifen. Und erst wenn klar ist, wie die Reaktion aussehen muss, und wenn die Distanz zum Angreifer die richtige ist, wird die Aktion blitzschnell ausgeführt.

Das Ergebnis ist verblüffend: Da stehen Aikidoka mit einer unglaublichen Gelassenheit auf der Matte, während ausgewachsene und ausgebildete Kämpfer auf sie einstürmen. Und erst genau im richtigen Moment treten sie in Aktion. So vermitteln sie ganz eindeutig das Gefühl: »Was hier geschieht, das passiert, weil ich es so will.«

Führungskräfte haben die Möglichkeit, nach demselben Prinzip zu verfahren.

Fokussierung ist eine Frage des Timings

Es wäre ein einfacher, aber weltfremder Lösungsansatz zur Entschleunigung, zu sagen, »ok ... dann mache ich eben nur noch halb so viel und das auch nur halb so schnell«. Die Herausforderungen an moderne Manager sind größtenteils real. Große Konzerne und Behörden produzieren zwar durchaus eine gewisse Menge an Nabelschau und Selbstzerfleischung, und Manager sind gut beraten, sich dem einfach zu entziehen. Das spart aber nur einen Teil der Arbeitszeit. Eine Entschleunigung und ein Ausbruch aus dem Teufelskreis des Gehetztseins sind damit noch nicht erreicht.

Ein Schlüssel zur erfolgreichen Entschleunigung ist eine ganz einfache Regel: Niemals sofort reagieren! Dabei seien Zimmerbrände und andere unmittelbare Bedrohungen bitte schön ausgenommen. Aber unmittelbare Reaktionen sind der erste Schritt von der Aktion zum Aktionismus. Und es gibt keinen größeren Energie- und Zeitverschwender als Aktionismus. Der glückliche Manager ist jener, der jeden Tag erfolgreich gegen den Aktionismus ankämpft.

Das ist leichter gesagt als getan. Manager sehen sich immer wieder mit einer Erwartungshaltung konfrontiert, die sofortige Reaktionen erfordert: die schnelle Entscheidung; die Strategieänderung über Nacht; die spontane Reise zur ausländischen Tochterfirma, um dort sofort nach dem Rechten zu sehen. Es gibt Tausende Beispiele.

Manager, die so agieren, gelten oft als Männer und Frauen der Tat. »Irgendjemand muss doch jetzt was tun!« Diese Forderung hört man immer wieder in Situationen, die nach Führung, nach *Leadership* rufen. Aber mehrere Dinge sind daran grundlegend falsch: Nicht *irgendjemand* muss etwas tun. Der Manager trägt die Verantwortung, er trifft die Entscheidung. Er *muss* auch nichts tun. Er ist aber derjenige, der aufgrund seiner Fähigkeiten ausgesucht wurde, die Verantwortung zu tragen. Er muss auch nichts *tun*, er ist nur derjenige, der die richtige Entscheidung über die handelnden Personen fällen muss. Und *jetzt* muss er schon gar nichts! Sondern dann, wenn er es für richtig hält.

Der Manager bestimmt den richtigen Zeitpunkt, die richtige Aktion und die richtigen handelnden Personen. Das ist seine Führungsaufgabe. Überlegen Sie mal, wie viele Situationen keinen unmittelbaren Druck auf den Manager mehr ausüben, wenn er nur eine der oben genannten Regeln anwendet.

Er bestimmt: Zeitpunkt, Aktion und handelnde Personen. Und zwar genau dann, wenn diese Entscheidungen getroffen werden müssen. Und nicht dann, wenn irgendjemand laut »Feuer« schreit. Es ist im Interesse des Managers, den richtigen Zeitpunkt abzuwarten. Umso mehr Zeit hat er. Und darum geht es uns ja. Außerdem ist es sicherer: Zwischen jetzt und dann liegen unter Umständen noch einige neue Entwicklungen. Und neu auftauchende Gründe, sich vielleicht doch anders zu entscheiden.

Eigeninteresse und Ego sind nicht dasselbe

Ein kluger Mann hat einmal gesagt: »Du kannst alles schaffen, solange du dich nicht um dein Ego kümmerst!« Der Manager selbst, genauer: sein Ego ist der größte Störfaktor auf dem Weg zur richtigen Entscheidung über das richtige Handeln durch die richtigen Leute zum richtigen Zeitpunkt.

Auch hier spielen Erwartungshaltungen eine wachsende Rolle. Der moderne Manager ist zu einem immer größeren Teil auch »Manager-Darsteller«. Unsere mediale Welt hat aus Firmenlenkern öffentliche Figuren gemacht. Und spätestens beim nächsten Betriebsunfall, Umweltskandal oder anderen Vorfällen kann es den Geschäftsführer eines mittelständischen Betriebes oder den Standortleiter eines Konzerns erwischen. Dann stehen sie plötzlich im Rampenlicht.

Außerdem – besonders in Zeiten wachsender sozialer Unterschiede – werden Manager natürlich von ihren Mitarbeitern genau beäugt: Was macht er oder sie? Was hat er heute an? Hat sie zugenommen oder hat er noch mehr Falten im Gesicht? Graue Haare? Heiserkeit und Husten? Alles fließt in das Gesamtbild ein, das sich Mitarbeiter, Kollegen und Kunden, eventuell auch die Öffentlichkeit vom Manager machen.

Und da wir alle lieber gemocht und bewundert als gehasst und verlacht werden, ist die Versuchung groß, sich bei Entscheidungsfindungen auch vom eigenen Ego leiten zu lassen. Das gilt in gesteigertem Maße dann, wenn es geschickte Menschen geschafft haben, uns bei unserem Stolz zu packen, um die eine oder andere Reaktion hervorzurufen.

Es ist gut, sich gelegentlich vor Augen zu führen, dass die Außenwirkung eines Managers Teil seiner Erfolgsgeschichte ist. Es ist aber gefährlich, diesen Gedanken in Entscheidungsfindungen mit einfließen zu lassen. Dann wird es nämlich keine Erfolgsgeschichte geben! Wenn Manager diese Gefahr erkannt haben, haben sie gleichzeitig den zweiten großen Zeit- und Energiefresser in ihrem Leben nach der fehlenden Fokussierung ausgeschaltet: ihr Ego.

Die Übung des Sensei

Philippe sagt gerne: Geschwindigkeit hat die Eigenart, uns in den Windungen und Kurven des Lebens an den Rand zu drücken und in die Peripherie zu treiben. Langsamkeit hält uns im Zentrum. Das heißt auch, es geht nicht darum, immer hübsch langsam zu machen. Vielmehr gilt es die richtige Geschwindigkeit zu finden, die uns Vortrieb und gleichzeitig Stabilität verleiht.

Fokussieren Sie Ihre Aufmerksamkeit auf diese zwei Aspekte: erstens das richtige Timing Ihrer Entscheidungen und zweitens die Ego-Freiheit Ihrer Motivation. Übertragen Sie diesen Gedanken mal auf Ihren täglichen Management-Kampf: Sie werden feststellen, dass Sie sich schlechtes Timing nicht leisten können. Tun Sie, was jeder gute Aikidoka tut, wenn der Gegner angreift: Reagieren Sie erst mal gar nicht. Atmen Sie erst mal tief ein. Und dann legen Sie einen Zeitpunkt fest, an dem Sie sich mit der Sache beschäftigen und entscheiden wollen, was getan wird. Jetzt kontrollieren Sie die Situation. Sie sind wie ein Aikido-Meister beim »Randori«: Sie warten gelassen ab, bis genau der richtige Zeitpunkt gekommen ist zu handeln.

13

Gesunder Körper, gesunder Geist, gesunder Manager

Von der Kunst, sich wirklich zu verwöhnen

Der Fall des Sören Berlebach

Es war leider kein ungewohntes Gefühl. Vielmehr eines, das sich immer häufiger einstellte: ein Gefühl der Schwere. Als hätte jemand seine Knochen mit Blei ausgegossen und ihn mit einer geleeartigen Masse vollgepumpt. Das Mittagessen im Betriebscasino war ein typisches Kantinenessen, trotz der wohlklingenden Namen für Etablissement und Mahlzeit. Hunger hatte Berlebach ohnehin nicht gehabt. Es war eine Mischung aus Langeweile und dem Wunsch, dazuzugehören, zur mittäglichen Grüßgott-Runde der gestresst Dreinschauenden, die ihn mit den anderen ins Casino geschwemmt hatten.

Der Rest war die Managerkrankheit: zu gutes Essen, zu wenig Bewegung. Früher hatte der beharrliche Konsum von mindestens drei Packungen Zigaretten täglich dafür gesorgt, dass er, abgesehen vielleicht von ein paar Karzinomen, keinen unnötigen Ballast spazieren trug. Heute versuchte Berlebach, den Bewegungsmangel mit Extremsportarten wie seinem »High-Risk-Mountainbiking« zu kompensieren. Das brachte zwar mehr Abrieb an den Gelenken als an den Fettpolstern. Aber es war, wie es sich Berlebach und seine Kumpels immer wieder gegenseitig versicherten, einfach ein »saugutes Gefühl, sich mal richtig auszupowern«. Er ahnte gar nicht, wie ausgepowert er ohnehin war!

Seine Frau hatte vor einigen Jahren mit Yoga angefangen. Sie drängte ihn, es auch zu versuchen. Aber Yoga war in seinen Augen etwas für Gurutypen, für Weicheier in Gesundheitslatschen. Berlebach fand es immer wieder lustig, das Hobby seiner Frau »Hochleistungs-Räkeln« zu nennen. Zum Glück machte das Hochleistungs-Räkeln sie ausgeglichen genug, darüber hinwegzuhören.

Die Hose war in der Reinigung eingelaufen. Sie kniff ihn im Bauch, und er stellte mit einem Blick südwärts entsetzt fest, dass die Wölbung seiner Nordhalbkugel seinem Hosenbund im wahrsten Sinne des Wortes überlegen war. Verdammter Kantinenfraß! Gott weiß, was die da an chemischem Zeug reinkochen!

Es klopfte an der Tür. Bo, der Bengel, schob seinen blonden Dummkopf durch den Türspalt, und Berlebach konnte im Hintergrund seine junge und hübsche Assistentin beobachten. Die Kleine schaute Bo, dem Bengel, auf die Rückseite, wie ein Tiger ein verletztes Gnu betrachtet: mit der Gewissheit, dass sie ihn bekommen und dass es köstlich würde. Die Beobachtung wurde nicht bewusst verarbeitet. Sie nistete sich vielmehr wie ein leichter, aber permanenter Zahnschmerz in seinem Unterbewusstsein ein.

Berlebach fühlte sich plötzlich fürchterlich alt und fett und träge. Also kletterte er nicht sonderlich behende, aber dafür umso entschlossener auf den unsichtbaren Thron der Macht. Er schnauzte Bo, den Bengel, an, er solle sich um seinen eigenen Kram kümmern. Und so zog das Gnu in Richtung Tigerdame ab, was Berlebach auch nicht gefiel. Also zitierte er die Assistentin in sein Büro. Ob sie schon die Auskünfte aus der Vertriebsanalyse eingeholt habe. Sie habe sie angefragt? Druck machen solle sie! Er brauche die Zahlen heute, nicht nächstes Jahr. Ein Anliegen, das die junge Tigerdame gewissenhaft und mit denselben Worten dem Büro des Vertriebsvorstandes vortrug. Und Bo, das Gnu, erklärte seinem Onkel, den er auf dem Weg nach Hause traf, dass er Berlebach den frühen Feierabend zu verdanken habe. Berlebach habe ihm gesagt, er solle sich um seine eigenen Angelegenheiten kümmern. Was er hiermit tat. Seine aktuellste Angelegenheit hieß Janine. Sie arbeitete als Assistentin. Und die jüngste Angelegenheit und Tigerdame Janine fragte Sören Berlebach gerade, ob es noch was zu erledigen gäbe, sonst würde sie heute gerne etwas früher ... Berlebach brummte nur, und die Tigerdame rüstete sich mit einem flinken Blick in den Spiegel und etwas Lippenstift zum Angriff auf das Gnu.

Berlebach kletterte mühselig und mürrisch von der Macht, die nicht mehr viel macht, wenn niemand da ist, den sie beherrschen könnte. Er machte ebenfalls früh Feierabend. Der allerdings völlig missriet, da seine Frau beim Yoga war. Und bis sie vom Leistungsräkeln zurück war, hatte Berlebach schon zwei Bier getrunken und war müde und stinksauer. Vorrangig auf sich selbst, was er natürlich nicht zugab.

Die Folgen der ganzen Situation sollten sich erst am nächsten Tag in ihrem ganzen fürchterlichen Ausmaß zeigen. Die Tigerdame, wenn auch immer noch blutrünstig, war immerhin vorläufig gesättigt, was sie mit einem post-koitalen Grinsen allzu anschaulich unter Beweis stellte. Bo, der Bengel, machte mit demselben Grinsen genau das falsch, wofür er gestern um Anweisung gebeten hatte. Der Vertriebsvorstand fragte sich nicht zum ersten Mal, ob Berlebach etwas gegen seinen Neffen Bo habe. Seine Sekretärin fragte der Vorstand, was überhaupt mit Berlebach los sei. »Was will der denn so dringend mit den Zahlen?«

Vorsicht: angekratztes Ego

Wohl jenen, denen diese Schilderung aus dem Alltag eines gewissen Managers Sören Berlebach völlig abwegig und übertrieben vorkommt! Und ein Trost all jenen, die nun etwas beschämt und selbstkritisch in sich hineinschauen. Es passiert uns allen. Und es ist keine Schande. Aber es ist eine Herausforderung. Eine weitere Herausforderung an einen Manager, sich selbst besser zu managen!

Wir alle kennen solche Tage. Vom ersten Moment an gehen kleine und scheinbar belanglose Dinge schief: Das Frühstücksei ist ein bisschen zu weich. Der Lieblingspullover ist in der Wäsche. Sie müssen noch das Auto volltanken, obwohl Sie es eilig haben. Der Nachbar hat so geparkt, dass Sie kaum aus Ihrer Garage kommen. Das Abendessen gestern war nicht ganz so bekömmlich, der Schlaf nicht ganz so erholsam und die Kinder am Morgen nicht ganz so gesprächig, wie das hätte sein können. Und als Sie völlig abgehetzt im Büro ankommen, sagt Ihnen Ihre Mitarbeiterin, dass der Kunde den Termin abgesagt hat. Für sich genommen sind das allesamt Trivialitäten, über die wir lachen könnten. Aber sie treten in Serie auf, und sie nagen an unserer Laune, unserer Konzentration und unserem Wohlbefinden. Das physische Unwohlsein breitet sich aus wie ein Krebs und wirft einen vernichtend dunklen Schatten auf das mentale Wohlbefinden.

Sind das die erfolgreicheren, kreativeren Tage im Leben eines Managers? In der Regel nicht! Irgendwann reagieren sie ungehalten, tun einem Mitarbeiter oder einem Familienmitglied unrecht. Sie fühlen sich deshalb schlecht. Und sie geraten in eine Abwärtsspirale, die manchmal nur das gnädige Ende eines langen Tages beenden kann.

Wir können die widrigen Einflüsse unserer Umwelt nicht komplett ausschalten. Da hilft weder die Anschaffung von zwanzig Lieblingspullovern noch der Streit mit dem Nachbarn über seinen Parkplatz oder gar das Abschreiben eines Kunden, nur weil der – vielleicht aus dringenden Gründen – einen Termin abgesagt hat. Wer versucht, die störenden Einflüsse seiner Umwelt auszugrenzen, wird sich hoffnungslos verstricken. Die Isolation von Umwelteinflüssen ist gigantisch teuer, sie macht einsam und sie beraubt den Manager jeglicher Bodenhaftung. Was also ist die Alternative?

Steuern Sie Ihren emotionalen Input

Wenn Sie nicht beeinflussen können, was auf Sie einstürmt, dann müssen Sie eben entscheiden, welche Einflüsse Sie an sich heranlassen. Die absolute Freiheit in dieser Entscheidung steht in krassem Kontrast zu der Unfreiheit, die eine Abhängigkeit von äußeren Einflüssen bringt.

Betrachten wir das Beispiel vom guten Berlebach – die Beschreibung eines ganz normalen Sch ... tages. Fast alle Beeinflussungen von außen treffen Berlebach und damit jeden von uns physisch. Berlebach fühlt sich zu fett. Er fühlt sich nicht fit. Er neidet dem jungen Praktikanten die erotische Anziehungskraft, die er offenbar auf die Assistentin, Fräulein Tigerdame, hat. Als er zwei Bier getrunken hat, fehlen Berlebach sowohl die Energie als auch die Selbstdisziplin, einen wirklichen Kontakt zu seiner Ehefrau herzustellen. Und voraussichtlich wird sich die Kette unglückseliger Einflüsse am nächsten Morgen fortsetzen, wenn er unausgeruht und mit einem leichten Kater erwacht.

Schauen wir auf unseren missratenen Start in den Tag: Statt des Lieblingspullovers tragen wir vielleicht einen, in dem wir uns nicht wohl fühlen. Das Frühstücksei lassen wir stehen, weil es zu weich gekocht ist. Wir können ja später noch was essen. Sie kommen natürlich aus der Garage. So rücksichtslos ist der Nachbar ja nun auch nicht! Aber vielleicht machen ein paar Kilo zu viel Gewicht das Herumdrehen mühselig, wenn Sie den Wagen rangieren. Und der abgesagte Termin könnte eine Gelegenheit bieten, etwas anderes zu erledigen, von dem Sie vielleicht dachten, Sie hätten gar keine Zeit dafür. Da Sie aber unausgeschlafen sind, ärgern Sie sich über die Stunde Schlaf, die Sie noch hätten genießen können.

Drehen wir doch die beiden Szenarien mal herum und münzen sie auf einen Menschen, der sich wohl in seiner Haut fühlt. Berlebach stellt fest, dass die Assistentin dem Praktikanten hinterherschaut. Die junge Frau ist zwanzig Jahre jünger als er. Aber er ist fit für sein Alter, und die erotische Spannung macht ihn nicht eifersüchtig, sondern wirkt eher anregend. Es gibt keinen Grund, den Praktikanten oder die Assistentin anzuschnauzen. Die unangenehmen Folgen dieser Fehlreaktion bleiben Berlebach erspart. Er beschließt, ebenfalls früh Feierabend zu machen, und nutzt die Zeit für einen ausgiebigen Spaziergang und einen Besuch in der Sauna. Als er ausgeruht von dort zurückkehrt, ist auch seine Ehefrau vom Yoga nach Hause gekommen. Zwei ausgeruhte, körperlich fitte erwachsene Menschen. Über den Rest des Abends wollen wir den Mantel der Diskretion hüllen.

Oder nehmen wir unseren schwierigen Start in den Tag. Wie wäre es mit einem anderen Pullover? Sie wählen Ihre Pullover vor allem danach, ob Sie sich darin wohl fühlen. Und man muss ja kein Ei zum Frühstück essen. Sie genießen stattdessen ein Müsli. Sie kommen mit dem Auto aus der Garage und genießen Ihre Fertigkeit im Rangieren. Sie spüren, wie sich beim Herumdrehen Ihre Bauchmuskulatur anspannt und nicht Ihr Hemd. Und da Sie am Abend leicht und gesund gegessen haben und vorher eine kleine Runde joggen waren, fühlen Sie sich bestens ausgeruht. Den abgesagten Termin nutzen Sie dafür, ein Liste Ihrer Prioritäten in dieser Woche anzufertigen. Sie stellen dabei fest, dass einige Termine nicht zu diesen Prioritäten passen, und sagen diese auch noch ab.

Physische Leistungsfähigkeit steigert mentale Effizienz

Zweimal dieselbe Situation; und doch zwei völlig verschiedene Szenarien. So wie unsere mentale Effizienz unser physisches Empfinden beeinflusst, hat dieses auch Wirkung auf unsere mentale Kraft. Darum ist es wichtig, Körper und Geist fit zu halten. Der Stress des Managers ist keine Entschuldigung dafür, nicht fit zu sein. Stress ist vielmehr eines der Symptome, wenn Sie nicht fit sind! So. Und jetzt ab in die Muckibude und Eisen stemmen, bis Sie aussehen wie Arnold der Österreicher? Nein. Darum geht es nicht. Nicht darum, einen Six-Pack vor sich herzutragen, einen Riesen-Bizeps oder eine Gesäßmuskulatur, mit der man Nüsse knacken könnte. Es geht um Wellness im eigentlichen Sinne, um Wohlbefinden.

Wir gelangen damit sehr nahe an den Kern dieses Buches. Immerhin geht es ja genau darum: den Zusammenhang von Wohlbefinden und Effizienz des Managers, das Zusammenwirken von Wellness und Exzellenz, von »being well« und »working well«. Auch hier ist der Zusammenhang nicht linear. Es reicht nicht aus, körperlich fit zu sein, um auch mental leistungsfähig zu sein. Vielmehr gibt es auch hier eine Aufwärtsspirale. Es ist mentale Effizienz, die den Manager überhaupt zu der Einsicht führen wird, dass er etwas für sein physisches Wohlbefinden tun muss. Und je stärker er physisch ist, desto leistungsfähiger wird er mental sein. Letztendlich ist dies eine weitere Ebene der im ersten Kapitel beschriebenen Spirale des Erfolges.

Leistungssportler haben diesen Zusammenhang längst für sich entdeckt. Der legendäre Tenniscoach Nick Bollettieri hat diesem Zusammenhang ein eigenes Buch gewidmet. In *Mental Efficiency Program for better Tennis* gibt er Anleitungen, wie Tennisspieler durch mentale Effizienz noch erfolgreicher werden können. In einem Interview mit Robert für das Deutschlandradio 1997, das die beiden in seiner Tennisakademie in Bradenton, Florida führten, erklärte Nick: »Ich kann einem Boris Becker oder einem Andre Agassi nicht zeigen, wie man Tennis spielt. Aber ich kann dafür sorgen, dass sie wissen, dass sie gewinnen können, wenn sie den Platz betreten.«

Der Manager muss wissen, dass er stark ist

Manager haben deutlich länger gebraucht, um diesen Mechanismus für sich zu entdecken. Dabei geht es nicht um einen turboaufgeladenen Prep-Talk, dem ohnehin niemand Glauben schenkt und dessen Wirkung kaum länger anhält, als bis er verhallt ist. Aber viele Situationen im Managementalltag sind extrem physischer Natur. Und wer sich stark fühlt, wird sie besser meistern können.

Der Manager, der in der Fertigung mit einem Arbeiter spricht, welcher ihn in Breite und Höhe überragt, braucht eine Menge physisches Selbstbewusstsein, will er sich durchsetzen. Dieses physische Selbstbewusstsein ist ähnlich dem »Wissen, dass er gewinnen kann«, das Nick Bollettieri beschreibt. Natürlich kann sich der Manager auch – ähnlich wie unser guter Berlebach – auf seine Macht zurückziehen. Aber das hieße, er müsste versuchen, dem Arbeiter Angst zu machen, im schlimmsten Fall Angst um seinen Arbeitsplatz, um sich durchzusetzen. Und Angst ist für Mitarbeiter ein ebenso schlechter Motivator wie für Manager. Das Gespräch mit dem Mitarbeiter würde seinen Zweck verfehlen. Der Manager würde von seinem Mitarbeiter nichts Neues erfahren oder lernen. Und umgekehrt würde es ihm nicht gelingen, bei dem Arbeiter Verständnis oder Vertrauen zu gewinnen.

In einer Auseinandersetzung, wie sie wahrscheinlich jeden Tag viele Tausend Male in unserer Managementwelt stattfindet, erlebte Robert als zufälliger Zeuge dank einer offenstehenden Bürotür einmal sehr anschaulich die Bedeutung körperlicher Überlegenheit. Es war geradezu ein Musterbeispiel. Ein Nachrichtensprecher hatte sich einen schlimmen Fauxpas geleistet und war zum Programmchef zitiert worden. Der Vorgesetzte – ein eher den körperlichen Genüssen denn der körperlichen Ertüchtigung zugeneigter Mensch – saß zurückgelehnt in seinem Bürostuhl. Im Verlauf des Gespräches wurde der gerügte Mitarbeiter immer aufgebrachter und lehnte sich stehend über die Tischplatte des Vorgesetzten. Dieser wich seinerseits in seinem Stuhl immer weiter zurück. Am Ende hatte der Nachrichtensprecher eine komplett dominierende Haltung gegenüber seinem Chef eingenommen.

Das Gespräch ging sehr frustrierend aus, vor allem für den Vorgesetzten. Seine Kritik verpuffte angesichts der lautstarken Empörung seines Mitarbeiters. Und dessen physisch überlegene Position ließ dem Chef keine Möglichkeit, das Heft des Handelns wieder in die Hand zu bekommen. Zwar war seine Kritik sachlich korrekt, sie war notwendig und gerechtfertigt. Er hatte sie auch verbal angemessen vorgetragen. Aber trotzdem hatte er die Auseinandersetzung auf physischer Ebene auf ganzer Linie verloren. Letztendlich ging der gerügte Mitarbeiter gestärkt, sein Vorgesetzter geschwächt aus dieser Auseinandersetzung hervor. Und das ist wahrlich kein Musterbeispiel für die Effizienz eines Managers.

Natürlich ist ein solcher Konflikt nicht das Hauptmotiv für physische Fitness. Schließlich geht es nicht darum, Managementaufgaben durch körperliche Dominanz wahrzunehmen. Aber ein Manager, der physisch stärker gewesen wäre, hätte keine Mühe gehabt, seinen Stuhl zu verlassen, der dominanten Geste des Mitarbeiters auszuweichen und eine Gesprächssituation auf Augenhöhe herzustellen. Es ist das physische Selbstbewusstsein, das in solchen Situationen eine physische Deeskalation ermöglicht und damit die Freiheit schafft für eine größere mentale Effizienz des Managers.

Aikido: Nur wer fit ist, kann die Angst vor dem Fall verlieren

Der erste Schritt hin zum Bewusstsein, gewinnen zu können, ist es, die Angst vorm Verlieren zu besiegen. Im Aikido ist das Fallen ein wesentliches Element für den Kämpfer. Auch das wurde ja schon beschrieben. Jeder Aikidoka, der einmal nach längerer Urlaubs- oder Zwangspause zum ersten Mal wieder trainierte, hat die schmerzliche Erfahrung gemacht, dass man fit und beweglich sein muss, um fallen zu können. Nur wenn er seinen Körper ganz entspannt kontrollieren kann, wird ein Aikidoka fallen können, ohne sich zu verletzen. Und nur wenn er weiß, dass er sich nicht weh tun oder verletzen wird, wird er keine Angst vor dem Fall haben.

Robert geht es wie den meisten Führungskräften: Es fehlt ihm gelegentlich an der Zeit für Dinge, die ihm wichtig sind. Wie das Aikidotraining zum Beispiel. Er kann durch seinen Beruf und dessen unregelmäßige Arbeitszeiten oft wochenlang nicht am Training teilnehmen. Einmal war das für ihn sogar Grund genug, das Aikido vorübergehend ganz aufzugeben. Als er wieder anfing, erklärte ihm Philippe: »Das Wichtigste ist, dass du beweglich und fit bleibst!« Mehrere Aspekte sind dabei wichtig: Beweglichkeit, Belastbarkeit und bis zu einem gewissen Grad auch Kraft.

Philippe hat für Aikidoka wie Robert, die sich fit halten müssen und nicht regelmäßig trainieren können, ein eigenes System entwickelt. Er nennt es »Shin-Ki-Tai«. Das sind die japanischen Begriffe für Körper, Seele und Geist. Dieses System setzt sich aus den unterschiedlichsten Übungen zur Dehnung, Entspannung, Lockerung und Kräftigung zusammen. Elemente des Yoga sind ebenso eingeflossen wie allgemeine Lockerungsübungen, wie sie Akidoka vor jedem Training machen. Philippes Shin-Ki-Tai-Kurse in seinem Dojo in Leipzig haben inzwischen eine getreue Gefolgschaft gefunden.

Anspannung, ohne zu verkrampfen

Die Grundhaltung eines Aikidoka, sein »Kamai«, wurde schon früher erwähnt. In ihr erwartet er den Angriff seines Gegners, ohne sich gegen ihn aufzulehnen. Es ist eine Art gespannter Gelassenheit, bei der der Körper ruhig ist, aber genau an der Grenze zur unmittelbaren Aktion. Bedenken Sie: Der Aikidoka weiß ja nie, mit welcher Technik sein Gegner ihn attackieren wird. Er weiß nicht, welche Herausforderung ihn im nächsten Augenblick erwartet. Und da hat er doch vieles mit dem Manager gemeinsam. Natürlich wissen beide – Aikidoka und Manager – mit der notwendigen Erfahrung, welche Möglichkeiten es wann gibt. Aber es gibt eben keine Gewissheit, bevor die Herausforderung nicht da ist.

In unserer Alltagssprache sagen wir gerne, »da muss man immer auf den Zehenspitzen sein«. Ein plakatives Bild, das jedoch – wie viele plakative Bilder – sachlich nicht ganz korrekt ist. Denn wer auf seinen Zehenspitzen steht, der steht instabil und wird diese Haltung auch nicht lange einnehmen können. Insofern beschreibt diese Redensart nur einen Aspekt der physischen Bereitschaft, einer Herausforderung zu begegnen: die Anspannung.

Erfahrene Aikidomeister wie Philippe strahlen jedoch in Erwartung eines Angriffes gleichzeitig eine beinahe befremdlich anmutende Gelassenheit aus. Ihre Anspannung zeigt sich erst in der blitzschnellen Reaktion, wenn der Angriff kommt.

Es ist eine Haltung, die in den unterschiedlichen Kampfkünsten zwar unterschiedlich ausfällt, die aber in ihrer grundsätzlichen Konfiguration immer gleich ist. Sie macht es jenen, die Kampfkünste praktizieren, in der Regel leicht, andere Kampfsportler auch im Alltagsleben zu erkennen. Es ist eine unverkrampfte Anspannung. Nur wer völliges Vertrauen in die Leistungsfähigkeit seines Körpers hat, wird diese Haltung einnehmen können. Er wird entspannt der nächsten Herausforderung entgegentreten und sie dadurch leichter meistern; eine weitere Umdrehung in der so wichtigen Wechselwirkung zwischen Wohlbefinden und Effizienz!

Vergessen Sie die herkömmlichen Ideale vom Fitsein

Unsere gesellschaftliche Vorstellung von einem körperlich fitten Menschen hat wenig mit wirklicher physischer Fitness zu tun. Sie wird vor allem durch die erotischen Auslöser der Werbe- und Unterhaltungsindustrie geprägt. Der marathonlaufende, naturgebräunte, muskelbepackte Adonis mit dem tätowierten Bizeps und dem Waschbrettbauch scheint die Idealfigur zu sein. Gleichzeitig ist er natürlich hochintelligent, gut ausgebildet, von ausgeprägter sozialer Kompetenz und tadelloser Eleganz im Auftreten. Kurz: eine eierlegende Wollmilchsau.

Das Schlimmste ist in diesem Zusammenhang, dass dieses Ideal natürlich auch und ganz besonders auf Führungskräfte übertragen wird. Die Zeiten des etwas übergewichtigen Managers mit Rettungsring und alkoholgerötetem Teint sind vorbei. Und auch moderne Manager finden sich in der gefährlichen Falle, dass man von ihnen erwartet, wie Mode-Mannequins aufzutreten. Eine Erwartungshaltung, mit der sich weibliche Führungskräfte schon immer herumschlagen mussten. Das mag ausgleichende Gerechtigkeit sein, aber klüger wird es dadurch nicht.

US-amerikanische Forscher haben herausgefunden, dass es nach Alkohol und Zigaretten übermäßiger, unausgewogener und exzessiv betriebener Sport ist, der vor allem bei Männern am meisten zum Alterungsprozess beiträgt. Wir tun uns keinen Gefallen mit exzessiven Fitnessprogrammen, welcher Art auch immer. Nicht zuletzt deshalb, weil sie uns mental eine weitere Geißel auferlegen, statt uns auch in dieser Hinsicht stärker zu machen.

Lässt sich ein Trainingsprogramm auch im Arbeitsalltag durchhalten, ohne dass allzu ambitionierte Ziele zu Zwang und Frust führen? Was nützt es denn, wenn der Besuch im Fitnessstudio nach der Arbeit zu Hause zu Spannungen führt, weil noch weniger Zeit für die Familie übrig bleibt? Macht uns eine Sportart tatsächlich gesünder, beweglicher, schneller, oder lässt sich einfach nur besonders spannend darüber reden? Den Doppelmarathon geschafft zu haben ist eine coole Geschichte, auch wenn man inzwischen wegen des zerschmetterten Meniskus nicht mehr laufen kann. Es ist schon erstaunlich, von welchen sportlichen Höchstleistungen an Hotelbars so berichtet wird. Wer hätte hingegen schon mal von jemandem gehört, der in dem Zusammenhang mit stolzem Lächeln und geschwellter Brust von seinem allmorgendlichen Gymnastikprogramm berichtet? Fitness ist zum Statussymbol geworden. Und wie andere Statussymbole kann sie einen, einmal falsch verstanden, sehr teuer zu stehen kommen.

Wirklich wichtig für den Manager sind die Aspekte der Ganzheitlichkeit und der Nachhaltigkeit. Macht ihn sein Sport oder sein Bewegungsprogramm insgesamt stärker, oder stärkt es nur einen Teil seines Körpers, möglicherweise sogar auf Kosten anderer Körperfunktionen? Wie zum Beispiel exzessives Joggen den Gelenken schaden kann. Und lässt sich die physische Fitness auch unter wechselnden Arbeitsbelastungen und mit wachsendem Alter noch aufrechterhalten? Beides ist wichtig, will der Manager nicht über kurz oder lang seine physische Fitness und damit einen Teil seiner mentalen Leistungsfähigkeit verlieren.

Wohlbefinden ist der Weg zu mehr Leistung, nicht umgekehrt

Manager müssen sich wahrscheinlich einfach entscheiden: Sind sie nun Führungskräfte in der Wirtschaft oder wollen sie den Ersatz-Arnold mimen? Da sie Manager sind, deutet vieles darauf hin, dass sie diese Entscheidung bereits gefällt haben. Vor allem angesichts der Tatsache, dass die Karrieren von Athleten im Kindesalter mit jahrelangem Training beginnen und nicht durch den Kauf enganliegender Sportkleidung. So wie manche Menschen es für erstrebenswert halten, in Würde alt zu werden, so kann man es auch anstreben, in Würde Manager zu sein. Ohne körperlich zu verfallen, aber auch ohne in der Freizeit die Karriere eines Leistungssportlers vorzutäuschen – sich selbst und anderen!

Vieles in Hinsicht auf körperliche Fitness entsteht schon durch Alltags-Disziplin. Schlafentzug, übermäßiger Alkoholkonsum, Tabakgenuss ... sie können sehr schnell zu permanenten Weggefährten werden. Wer hart arbeitet, will sich auch im Alltag dafür belohnen. Da hilft der Blick aufs Konto bei den meisten nicht. Da wird schnell aus dem Glas Rotwein eine Flasche. Und es wird abends später als geplant. Vielleicht wird sogar noch die eine oder andere Zigarette geraucht. Aber wir wissen alle, wie unsere Leistungsfähigkeit an einem verkaterten Tag eingeschränkt ist. Hingegen kann eine gute Nachtruhe, unbelastet vom alkoholischen Rausch einer Flasche Bordeaux, mit ausreichender Sauerstoffzufuhr zum Gehirn schon einen guten Start in den nächsten Management-Tag ausmachen. Es ist eine Entscheidung, die Manager bewusst treffen sollten, wenn ihnen ihre Leistungsfähigkeit am Herzen liegt.

Ähnlich ist es mit der Ernährung. Gesunde Ernährung ist genauso eine Angewohnheit wie ungesunde. Das Gute ist, dass sich diese Entscheidung jederzeit neu treffen lässt. Gewohnheiten kann man ändern, und der Salat in der Kantine wird schnell zur liebgewordenen Mittagsroutine. In einer Welt, in der Schlankheit mit Erfolg assoziiert wird, hat der Übergewichtige einen Nachteil. Untersuchungen haben sogar ergeben, dass dicke Menschen messbar schlechtere Job- und Karrierechancen haben. Aber auch im ganz normalen Management-Alltag behindert der kleine Bauch. Erinnern Sie sich, wie peinlich er dem braven Berlemann in unserem Beispiel war.

Setzen Sie sich ein Ziel, ohne sich unter Druck zu setzen

Viele Kampfsportler der härteren Gangart belächeln die sanfte Kunst des Aikido genau deswegen: Die rein defensive Natur des Aikido und seine konsequente Gewaltfreiheit erscheinen manch einem zu weich und zu weit entfernt von den Notwendigkeiten der Selbstverteidigung. Für sie gibt es andere Kampfsportarten, bis hin zum Krav Maga, dem Nahkampfsystem der israelischen Streitkräfte. Letztendlich muss jeder selbst entscheiden, welche Kampfkunst ihm mehr liegt, welche Ziele er verfolgt und welche Sportart am besten geeignet ist, diese zu erreichen.

Unser Ziel ist der glückliche Manager. Eine Führungskraft, die nicht unter der Belastung ihrer Aufgabe leidet, sondern die Führungsrolle mit Begeisterung und Gelassenheit ausfüllt. Für sie ist es nicht wichtig, beim Sport Bestätigung für ein schwächelndes Ego zu finden. Vielmehr soll ihre physische Effizienz die mentale Effizienz wirkungsvoll unterstützen. Auf dieser Grundlage muss jeder für sich entscheiden, welcher Sport der beste ist. Wichtig sind folgende Parameter: Der Sport muss in den Zeitrahmen passen, ohne Stress zu erzeugen. Der Sport muss frei von physischen Überlastungen sein. Und der Sport darf keinen neuen Leistungsdruck aufbauen.

Betrachten Sie die Auswahl Ihrer physischen Aktivitäten einfach mal wie eine Management-Aufgabe: Was will ich erreichen? Was benötige ich dafür? Was kostet mich das? (Nicht nur finanziell!) Denken Sie effizient! Ein Sport-Overkill kann teuer werden. Machen Sie nur, was Sie brauchen. Das Ergebnis wird ein echtes Wellness-Programm sein, das nicht von falschen Eitelkeiten oder Kompensationsversuchen getrieben ist, das keine Alibi-Funktion hat, wie der Erwerb einer teuren Mitgliedschaft in einem Fitnessclub, sondern geprägt ist von dem Bestreben, Sie wirklich »besser« zu machen: besser fühlen, besser bewegen und besser arbeiten. Also unter dem Strich, ein besserer und glücklicher Manager zu sein.

Die Übung des Sensei

In Kommunikationstrainings zeigen manche Teilnehmer oft eine aggressive Körpersprache: Sie stellen die Schultern nach vorn, wie jemand, der in einen Faustkampf zieht. Wie häufig, wenn Menschen eine aggressive Haltung einnehmen, entsteht auch diese aus einer Schwäche: Meist ist es nur, weil sie den Bauch einziehen. Dadurch kommen automatisch die Schultern nach vorn und ein »Einhängen« des Rückgrates, so dass sich der Körper selbst trägt, wird unmöglich. Dann muss der Oberkörper mit Muskelkraft gehalten werden statt durch seine natürliche Statik. Oftmals ist auch einfach die Oberkörpermuskulatur nicht stark genug. Und das verändert die Haltung. Physisch wie mental. So kurz sind oft die Verbindungen zwischen physischem und mentalem Wohlbefinden.

Für eine gesunde und starke Körperhaltung gibt es zwei Ansatzpunkte: erstens die Stärkung der Bauch- und Brustmuskulatur und zweitens die Stärkung der Rückenmuskulatur. Bauch- und Brustmuskulatur sind relativ unkompliziert zu stärken. Viel wichtiger als Intensität ist dabei – vor allem am Anfang – die Regelmäßigkeit. Sie brauchen eigentlich nur zwei Übungen, die praktisch überall möglich sind.

Liegestütze stärken Ihren Brustkorb erheblich. Sie sind anfangs beschwerlich, aber man findet relativ schnell seinen Rhythmus. Wichtig ist: Halten Sie den Rücken gerade dabei und senken Sie den Oberkörper ab, bis Ihr Kinn kurz über dem Boden ist. Tief Einatmen beim Absenken, tief Ausatmen beim Anheben. Damit ist auch die Geschwindigkeit vorgegeben. Ein gestärkter Brustkorb wird zu einer Haltung führen, in der Sie Ihre Schultern nach hinten drücken. Dadurch wird Ihr Rücken gerader.

Ebenso universell einsetzbar sind Situps für die Bauchmuskulatur. Es gibt tausend Varianten. Sie können die Füße unter einem Möbelstück einklemmen oder die Unterschenkel zum Beispiel auf einem Hocker ablegen. Sie können die Arme hinter dem Kopf verschränken. Wichtig ist: Knicken Sie Ihren Torso entlang Ihrer Bauchmuskulatur ein. Dann bleiben die Situps effektiv und gesund. Wenn Sie hingegen den ganzen Oberkörper wie ein Brett anheben, fühlt sich das zwar intensiver an, Sie riskieren aber Rückenschäden! Situps führen zu einer Stärkung des Bauchbereiches, die ein »Bauch einziehen« sehr bald überflüssig macht.

Etwas komplizierter ist die Stärkung der Rückenmuskulatur. Da ist es sehr wichtig, ganz sanft vorzugehen. Reine Kraftübungen für die Rückenmuskulatur sind nichts für Normal-Trainierte! Wer es übertreibt, landet blitzschnell im Wartezimmer des Orthopäden, und das war es dann auch für eine Weile mit »blitzschnell«.

Versuchen Sie es mal mit folgender Übung aus Philippes Shin-Ki-Tai-Programm: Stellen Sie sich bequem hin, die Füße ungefähr zehn Zentimeter auseinander. Nun heben Sie beim Einatmen die Arme mit nach oben geöffneten Handflächen ausgestreckt über den Kopf und führen sie dort zusammen. Dann beginnen Sie genauso tief und langsam auszuatmen und senken dabei die Hände genau vor Ihrer Körperachse nach unten. Wenn die Arme nach unten gestreckt sind, beugen Sie den Oberkörper, bis Ihre Hände vor Ihren Füßen den Boden berühren. Dann wieder einatmen und wieder aufrichten und nach oben ... und so weiter!

Auch bei dieser Übung ist die Geschwindigkeit durch Ihr langsames und tiefes Ein- und Ausatmen vorgegeben. Wichtig ist dabei: Gehen Sie so weit runter mit den Händen, wie Sie können. Nicht weiter! Folgen Sie Ihrem Atem nach unten. Aber erzwingen Sie nichts. Sie werden feststellen, dass Sie sehr schnell beweglicher werden, wenn Sie diese Übung regelmäßig machen. Gleichzeitig ist diese Übung sehr meditativ. Sie kann auch helfen, Nervosität und erhöhten Pulsschlag – etwa vor Redeauftritten – zu reduzieren.

14

Der Sensei – Lehrer im Alltag

Wie Manager die Freiheit finden, nicht immer Chef zu sein

Der Fall des Sören Berlebach

Es war eine jener Missionen, in deren Verlauf sich alle Beteiligten irgendwann fragen, warum sie sich eigentlich auf diesen beschwerlichen und stellenweise auch gefährlichen Weg begeben haben. Das Ziel erschien unerreichbar, der Entschluss, sich überhaupt auf den Weg zu machen, wie eine Torheit. Es ist ein Gesetz des heiligen Christophorus, des Schutzheiligen aller Reisenden, dass solche Reisen auch organisatorisch schiefgehen. Niemand, der sein Ziel aus den Augen verliert, wird ohne Zwischenfälle seines Weges gehen.

Anlass für die Reise des Vertriebsvorstandes in die USA war die Geschichte von der Oma mit der Lebensversicherung. Sie hatte inzwischen so hohe Wellen geschlagen, dass findige Journalisten nun überall solche alten Damen ausgruben. Es gab geradezu eine Inflation der alten, betrogenen Rentnerinnen.

Auf dem US-amerikanischen Markt war die Lage besonders schwierig. Zum einen, weil die Medien dort mit noch größerer Beharrlichkeit nach Betroffenen suchten. Zum anderen, weil ein Betrugsvorwurf – und sei er noch so sehr an den grauen Haaren herbeigezogen – sofort zu einer millionenschweren Schadensersatzklage führen konnte. Und solche Klagen waren oftmals der Anfang einer ganzen Lawine von Vorwürfen, gerechtfertigt oder konstruiert, die einem Unternehmen sehr leicht das Genick brechen konnten.

Geradezu legendär war der Fall von Audi in den achtziger Jahren. Berlebach erinnerte sich, wie damals die Fernsehberichte auch nach Deutschland hinübergeschwappt waren. Autos, deren Bremsen versagten. Verärgerte Audifahrer, die bei dem Versuch, in ihre Garage zu fahren, erst die Garagenrückwand und dann den Familiendackel niedergewalzt hatten. Erst sehr viel später stellte sich heraus, dass an den Vorwürfen nichts dran gewesen war, dass die einen Audifahrer einfach zu große Füße gehabt und auf das Gaspedal statt auf die Bremse getreten hatten. Und dass die anderen die Chance gewittert hatten, ein paar Millionen Schadensersatz für den Dackel einzustreichen. Damals hatte sich Audi komplett vom wichtigen US-amerikanischen Markt zurückgezogen.

Berlebach schauderte bei dem Gedanken. Es war ein Alptraum für einen Kommunikationschef. Da wurde man selbst allzu schnell zum Dackel und geriet unter die Räder. Kurzum: Der Ruf des Unternehmens stand auf dem Spiel. Und ganz nebenbei auch der des Sören Berlebach.

Berlebach hatte weder auf dem Flug über den Nordatlantik geschlafen noch hatte er in der vergangenen Nacht ein Auge zugemacht. Heute war der große Termin, der über Wohl und Wehe des Nordamerika-Geschäftes entscheiden würde. Und alle Last würde auf Berlebach liegen, das war ihm schmerzhaft bewusst. Bis zu jenem kurzen Zwiegespräch in der Lobby des Hotels.

Der Vertriebsvorstand hatte ihn dort abgefangen. Aber das wurde Berlebach erst später klar. Es sah zuerst aus wie eine zufällige Begegnung. Sie setzten sich an einen kleinen Tisch in der Ecke. Eine Kellnerin brachte Kaffee, den der Vorstand bestellt hatte, ohne nach Berlebachs Wunsch zu fragen. Kaffee war genau richtig.

»Das wird der entscheidende Tag, Berlebach.« Der Vorstand lächelte ein halbherziges Lächeln. Berlebach lächelte halbherzig zurück, weil ihm nicht nach Lächeln zumute war. Er sagte nichts, nickte nur.

»Es wird darauf ankommen, dass wir das heute genau richtig machen.«

Für Berlebach klang das »wir« eher wie ein Krankenschwester-Wir, wie in »Wir nehmen jetzt unsere Medizin«. Es würde eine bittere Medizin werden. Aber er nahm das »wir« sehr bewusst wahr. Es war, als wäre ein Teil der Last von seinen Schultern und die Einsamkeit von ihm genommen worden.

»Berlebach, das könnte für jeden von uns einen ziemlichen Knacks in der Karriere bedeuten.« Er machte eine Pause, schaute dann Berlebach geradeaus an.

»Ich glaube, Sie haben mit Ihrem Team diesen Tag gut vorbereitet. Oder halt so gut, wie man sich auf eine drohende öffentliche Hinrichtung vorbereiten kann.«

Berlebach schluckte. Der Vorstand hatte aufgehört zu lächeln. Berlebach fragte sich, wo er hinwollte mit diesem Gespräch. Die Antwort kam mit beinahe erschreckender Geschwindigkeit und Klarheit.

»Wenn diese Sache hier eskaliert, sind meine Tage als Vertriebsvorstand gezählt. Das ist dann reine Formsache. Bei Ihnen sieht das anders aus. Wenn Sie keine groben Fehler machen, dann werden Sie sich aus der Schusslinie heraushalten können.« Wenn das doch bloß so einfach wäre, ging es Berlebach durch den Kopf.

»Ich möchte Sie deshalb bitten, mir morgen den Vortritt zu lassen. Halten Sie sich raus. Sie haben Ihren Teil getan. Jetzt geht es darum, den Kopf hinzuhalten. Da mein Kopf ohnehin rollt, wenn das schiefgeht, würde ich dringend vorschlagen, es sollte mein Kopf sein, der da hingehalten wird.«

An diesem Punkt reagierte Sören Berlebach auf eine Art und Weise, die man nur dem übermäßigen Konsum von John-Wayne-Filmen zuschreiben kann: Er wollte widersprechen. Trotz seiner Erleichterung wollte er es für sich beanspruchen, den entscheidenden und potentiell selbstmörderischen Schritt zu tun. Seine Miene, seine Körpersprache waren offenbar eindeutig.

»Nein, Sie werden jetzt nicht den Helden spielen!« Nun lächelte der Vertriebsvorstand wieder. »Sie haben Ihre Arbeit erledigt. Lehnen Sie sich zurück, versuchen Sie sich zu entspannen und genießen Sie das Spektakel.«

Erst sehr viel später wurde Sören Berlebach bewusst, was für einen tiefen Einschnitt dieses Gespräch in seiner beruflichen Entwicklung bedeutete. Nach Jahrzehnten, in denen er einfach nur nach vorne und nach oben gestrebt hatte, wurde ihm mit einem Mal klar: Es war gar nicht so übel, nicht ganz oben zu sein. Es hatte seine unbestreitbaren Vorteile. Zum Beispiel, dass man seinen beruflichen Kopf auf den Schultern behalten durfte. Er hatte in dieser Situation seinen Meister gefunden. Einen Mann, der seine Führungsposition durch sein Handeln rechtfertigte. Und der Berlebach erlaubt hatte, das Gesicht zu wahren und gleichzeitig seinen Kopf in Sicherheit zu bringen.

Die gefährliche Reise des »Hans Guck-in-die-Luft«

Der Zwang, nach oben zu kommen, der Chef zu sein ... er hat für die meisten Menschen in unserer Arbeitswelt ganz profane Gründe. Mit der immer weiter auseinandergehenden Schere zwischen normalen und hohen Einkommen ist der Aufstieg zur Führungskraft und danach zur jeweils nächsten Führungsebene direkt mit wachsender materieller Sicherheit und Lebensqualität verbunden. Für viele ist der Aufstieg der einzige Weg aus schwierigen finanziellen Verhältnissen, vielleicht sogar aus der privaten Verschuldung, zumindest aber eine Möglichkeit, es den Nachbarn gleichzutun mit einem größeren Haus, einem größeren Auto oder anderen Konsumgütern.

Außerdem zwingen immer schlanker werdende Strukturen in den meisten Unternehmen beinahe jeden Arbeitnehmer dazu, Führungsverantwortung zu übernehmen. Der komfortable Platz in der Masse birgt heute fast immer das Risiko betriebsbedingter Kündigungen in ökonomisch schwierigen Zeiten oder einfach nur bei der nächsten »Effizienzsteigerung«. Im Arbeitsalltag bedeutet das: Beinahe jeder muss sich in seinem mehr oder weniger großen Bereich täglich neu als Führungspersönlichkeit beweisen.

Es ist zumindest zweifelhaft, dass die systematische »Verpflichtung« so vieler Menschen in leitenden Positionen tatsächlich zu der gewünschten Führung beiträgt. Wer die Entscheidung zu führen in Unfreiheit – weil unter Druck – fällt, wird sein volles Potential als Führungspersönlichkeit kaum ausschöpfen können. Schlimmer noch: Es werden so zwangsläufig Menschen in Führungspositionen genötigt, die weder das Zeug noch die Neigung dazu haben.

Doch selbst wenn man die Herausforderung bewusst annimmt, der ständige Blick nach oben hat buchstäblich einen Nachteil: Er führt zum Stolpern. Zum einen sehen viele die Stolpersteine und Fettnäpfchen nicht, die sich zu ihren Füßen auftürmen. Zum anderen verlieren sie den Kontakt zur Gegenwart und damit zu eben jenen Fakten, die ihre Realität ausmachen. Die Ziele, durch die ihre eigentlichen Arbeitsaufgaben definiert sind, geraten aus dem Sichtfeld. Durch die beständige Aufwärtsorientierung entsteht eine Kultur der »Hans Guck-in-die-Lufts«.

Setzt dieser Mechanismus ein, hat er drei dramatische Effekte: Erstens erleidet das Unternehmen Reibungsverluste dadurch, dass zu viel Energie in den jeweils eigenen Aufstieg investiert wird. Zweitens findet Führung de facto kaum noch statt, weil Führungskräfte nur nach oben, nicht aber auf die eigenen Aufgaben schauen. Drittens ist für die Mitarbeiter Frustration vorprogrammiert, denn naturgemäß kann nicht jeder den gewünschten Aufstieg schaffen.

Nach oben ist der Weg, nicht das Ziel

Es ist nicht die Absicht dieses Buches, wirtschaftliche Systemkritik zu üben. Die Wirtschaft ist so, wie wir Menschen sie machen. Hier geht es darum, dass die Wirtschaft menschlicher sein kann, wenn die Menschen, die sie führen, glücklich sind. Also stellt sich die Frage: Wie kann der einzelne Manager mit den oben beschriebenen Herausforderungen umgehen? Wie behält er eine operativen Ziele und Karriereabsichten gleichzeitig im Auge?

Die Neigung, den Konkurrenzkampf in die Unternehmen zu verlegen, hat unbestreitbar viele Firmen wettbewerbsfähiger gemacht. Es ist ein Mechanismus, der jegliches Phlegma, jegliches Ausruhen auf vergangenem Lorbeer verhindert. Der interne Konkurrenzkampf in den Unternehmen und vor allem zwischen jenen, die nach oben drängen auf der Karriereleiter, beraubt jedoch viele Bereiche des Arbeitslebens einer seiner wichtigsten Grundlagen: Vertrauen. Wirtschaft funktioniert nur mit Vertrauen. Wie kann es also weise sein, ihr unternehmensintern systematisch das Vertrauen als Geschäftsgrundlage zu entziehen!? Und das nicht nur zwischen Konkurrenten, sondern auch innerhalb einzelner Unternehmen? Diese Entscheidung muss jede Firma für sich treffen. Letztendlich ist auch das eine Güterabwägung.

Früh übt sich, wer einen Meister haben will

Aber der einzelne Manager kann bewusst Vertrauen investieren. Er kann sich Menschen suchen, denen er bis zu einem bestimmten Grad oder in einem bestimmten Bereich seinen Erfolg anvertraut. Auch das ist schließlich eine wichtige Managemententscheidung: Wem vertraue ich? Die Antwort auf diese Frage hat schon über Erfolg und Misserfolg so mancher Unternehmung entschieden.

Viele erfolgreiche Menschen führen – meistens erst, wenn sie auf dem so wahrgenommenen Gipfel ihrer Laufbahn sind – ihren Erfolg auf den Rat, den Schutz oder die bewusste Förderung durch einen Mentor zurück. Der alte Chef, der einem die entscheidende Chance gab, die zum Durchbruch führte. Der Bereichsvorstand, der einen dorthin versetzte, wo große und bislang unentdeckte Talente gefordert und gefördert wurden. Der Vorgesetzte, der einen mit seinem Rat vor großem Schaden bewahrte. Oder vielleicht einfach dadurch, dass er sich vor einen stellte. Wir alle kennen diese Geschichten. Sie machen immer wieder Mut.

Natürlich kann man sich einen »alten Mentor« nicht basteln. Aber man kann die Augen offen halten für Menschen, die einem voraus sind – insgesamt oder in einzelnen Bereichen. Und diese Menschen können zu Lehrern werden. Kluge Unternehmenslenker etablieren solche Lehrer-Schüler- oder Mentoren-Verhältnisse ganz bewusst. So hat die Telekom regelmäßige Feedback-Runden zwischen Führungskräften eingeführt. Und zwar ernsthaft, nicht nur als eine Geste. Dabei vertrauen sich Manager der Kritik ausgewählter Kollegen an. Diese weisen dann ganz offen auf Bereiche hin, wo sich die Einzelnen verbessern können, empfehlen Vorgehensweisen oder eventuell auch spezielle Trainer, die weiterhelfen können. Das Ergebnis eines solchen Vorgehens sind lebendige Lernprozesse. Sie bringen eine beispielhafte Dynamik in den Führungsetagen und eine Personalentwicklung, die diesen Namen auch verdient.

Schwieriger haben es da diejenigen, die bereits »ganz oben« angekommen sind, in der Champions-League des internationalen Managements. Wem sollen sie sich anvertrauen? Top-Manager suchen sich oft externe Berater, die dann die Rolle des Lehrers übernehmen. Dabei sind sie natürlich keine Lehrer, die sich an eine Tafel stellen und aufmalen, wie es geht. Das können die Manager im Zweifelsfall insgesamt besser. Aber diese externen Lehrer weisen Lösungswege im Detail, initiieren neue Denkansätze, zeigen konzernunabhängige Sichtweisen auf, die entscheidend weiterhelfen können.

Glücklicherweise werden immer mehr Manager immer offener für solchen unabhängigen Input. Es wächst eine Generation von Managern heran, denen kein Zacken aus der Krone bricht, wenn sie einfach mal abfragen, was sie besser machen könnten. Immerhin: Die Entscheidung, was sie dann wie machen, treffen sie ja immer noch selbst.

Es versteht sich beinahe von selbst, dass diese Lehrer-Beziehungen in den Vorstandsetagen mit höchster Diskretion behandelt werden. Wir haben in Deutschland keine Kultur des »lebenslangen Lernens« für Manager. Während dies für Arbeiter, Facharbeiter und andere »Werktätige« immer wieder angemahnt wird, müssen Top-Manager immer noch den Eindruck erwecken, als seien sie auf dem Höhepunkt einer imaginären globalen Lernkurve angekommen. Als gäbe es für sie nichts mehr zu lernen auf dieser Welt.

Das ist ein unrealistischer und gefährlicher Anspruch an Top-Manager, zwingt er sie doch beinahe in jene selbstherrliche Haltung, die wir ihnen dann so gerne öffentlich ankreiden. Das Ergebnis sind persönliches Unglück, unternehmerische Fehler oder sogar Scheitern und eine völlig ungerechtfertigte öffentliche Häme. Ungerechtfertigt schon deshalb, weil die Gesellschaft letztendlich den Preis zahlt für unglückliche und scheiternde Manager.

Leitbilderkultur statt Leitkultur

Jeder von uns braucht aber eine Orientierung, ein Alter Ego, das als Vorbild dienen kann, als Leitstern. Lebenspartner können diese Rolle nur in Ausnahmen erfüllen, vor allem, da Top-Manager ihre Partner oft gar nicht genug zu Gesicht bekommen. Teilweise wird das Bedürfnis nach Orientierung von elitären Runden aufgefangen, die – wenn sie funktionieren – zumindest neue Denkanstöße liefern können. Aber in der Regel sind diese Runden auf rein fachlich-sachliche Aspekte beschränkt. Als Mensch mit seiner Managementaufgabe zu wachsen wird zumeist dem Einzelnen überlassen. Und es wird vorausgesetzt, dass er oder sie »das schon managt«. Wohlgelingen und Wohlbefinden des Managements sprechen da aber allzu oft eine andere Sprache.

Der Mangel an persönlichen Leitbildern ist ein gesellschaftliches Phänomen unserer Zeit. Wir fordern von Mitarbeitern »Mobilität«, und wir entwurzeln sie im Namen der Effizienz. Wir fordern von Managern »Einsatz und Committment«, und wir entmenschlichen sie, indem wir sie nötigen, nur noch zu funktionieren. Fragen Sie mal Top-Manager, welchen Roman sie zuletzt gelesen haben, welche Musik sie unlängst inspiriert oder welche neue Idee sie vor kurzem beflügelt hat. Die Antworten sind teilweise erschütternd. Viele von »denen da oben« verzichten scheinbar freiwillig auf eine menschliche Dimension, die wir alle ansonsten als selbstverständlich und wichtig bezeichnen würden. Unsere Manager sollen so »top« sein, dass es über ihnen nichts Besseres gibt. Aber woran sollen sie sich dann orientieren?

Mit zunehmender Säkularisierung, zunehmender Beschleunigung und zunehmender Spezialisierung ist jeder von uns allzu oft genötigt, das Mensch-Sein anderen zu überlassen. Persönliches Unbehagen, Ängste, physische Unzulänglichkeiten – all diese ganz menschlichen Zustände und Eigenschaften werden ausgeblendet. Der gesellschaftliche Inbegriff des Erfolges ist wie eine Limousinenfahrt durch eine Stadt: Wir bewegen uns mitten hindurch, sind aber dennoch komplett abgeschottet von Einflüssen und Realitäten. Wir rasen durch die Kulisse, die das Leben der anderen bildet. Flugreisen vermitteln ein ähnliches Gefühl: Der Weg von hier nach dort wird zur abstrakten Größe. Das Ziel wird losgelöst vom Weg dorthin. Da reicht dann das Navigationsgerät unternehmensinterner Zielvereinbarungen für die Messung persönlicher Fortschritte. Wer wie wo ankommt und vor allem in welchem Zustand, das scheint zweitrangig – wenn überhaupt.

Dieses Buch ist kein Plädoyer für ökologisch abbaubare Beziehungskrisen und weichgespülte Empfindsamkeitsorgien. Wirtschaft muss klar und nachvollziehbar sein, wollen wir ihren Erfolg und ihre Transparenz für alle Beteiligten sicherstellen. Aber Manager sind auch nur Menschen, und wenn die Gesellschaft im Allgemeinen, die Wirtschaft im Besonderen oder sogar die einzelnen Betroffenen selbst von Managern Übermenschliches erwarten, dann dürfen sie sich über Unmenschliches nicht wundern. Deshalb sei es an diesem Punkt nochmals gesagt: Manager haben ein Recht darauf, glücklich zu sein. Und die Gesellschaft hat ein Recht auf glückliche Manager; sie sind einfach besser.

So wie Christen in der Kirche niederknien vor ihrem Gott, so wie Muslime dies in der Moschee tun, so wie Kinder zu ihren Eltern aufschauen und Schüler zu ihren guten Lehrern, so brauchen auch Manager Leitfiguren. Das macht sie nicht kleiner. Es lässt sie im Gegenteil wachsen. Deshalb ist es eine der wichtigsten Aufgaben des Managers, sich Lehrer zu suchen. Mentoren. Oder – wie wir es im Aikido nennen: einen Sensei.

Aikido – die Hierarchie des Sensei

Rolf Brand schreibt in seinem deutschen Standardwerk zum Aikido, ein guter Lehrer könne am besten »durch Hingabebereitschaft, persönliche Ausstrahlung, fachliches Können und vorbildliches Verhalten motivieren«. Im Aikido ist die Person des Sensei, des Lehrers, die zentrale Figur in einem streng hierarchischen System. Das spiegelt die in Japan tiefverankerte Tradition des Respekts vor der Weisheit des Alters wider. Die direkten Nachfahren und Schüler des Aikido-Begründers O Sensei Morihei Oeshiba sind auch heute noch die ranghöchsten und am höchsten angesehenen Aikidoka weltweit. Und da die oberen Meistergrade nur noch für Verdienste des einzelnen Sensei verliehen werden, tragen die direkten Erben auch die höchsten Graduierungen.

Ansonsten ist in jedem Dojo der dortige Sensei die unangefochtene Autorität. Das heißt nicht, autoritär zu sein, sondern hat eher die Bedeutung des lateinischen »auctoritas«, das genau jene Haltung meint, die Rolf Brand in seinem Buch beschreibt: persönliche Ausstrahlung, fachliches Können, vorbildliches Verhalten. Der Sensei ist wie ein »gütiger Vorstandsvorsitzender« – schöne Vorstellung, oder?! –, der mit seinem Stil, seinem Wissen und seinen Entscheidungen das Leben im Dojo prägt.

Vielen freiheitlich gesinnten, modernen Geistern mag eine solche Haltung und Ordnung wie ein Anachronismus vorkommen, ein Relikt aus der längst vergangenen Zeit der Samurai. Eine Autorität, die kritiklos anerkannt wird, ohne basisdemokratische Diskussionen und ohne die Bildung unsichtbarer Scheichtümer »kleinerer Meister« im toten Winkel des Sensei? Für Manager eine Vorstellung, die beinahe zu schön scheint, um wahr zu sein. Lässt sich so ein System nur im Zufluchtsort Dojo genießen? Oder kann man es vielleicht übertragen in die »wirkliche Welt« unserer Unternehmen?

Das System der Senseis ist gar nicht so antiquiert, wie es auf den ersten Blick aussieht. Im Gegenteil. Das Hochmoderne an dieser jahrhundertealten Hierarchie ist, dass sie auch umgekehrt funktioniert: Ein Sensei wie Philippe achtet in seinem Dojo auf die selbstverständliche Einhaltung der Etikette, von den vorgeschriebenen Verneigungen bis hin zum Respekt gegenüber dem Sensei, den anderen Meistern sowie auch allen Schülern. Gleichzeitig ist klar, dass diese Rolle viel eher eine Verpflichtung ist als ein Privileg. Nie würde man Philippe selbst auf der Matte im Dojo fluchend erwischen, in anderer als der vorgeschriebenen Aikidokleidung oder ansonsten in Missachtung der Etikette.

Der Respekt vor dem Meister geht so weit, dass Schüler und auch niedrigere Meister-Grade sich in den höflichen Seiza, den Judositz, begeben, wenn der Sensei während der Übungsstunden bei einem Schüler korrigierend eingreift.

Umgekehrt verpflichtet der Respekt seiner Schüler den Sensei zu einer respektvollen Haltung gegenüber jedem einzelnen Schüler. Hier gilt das Gleiche wie für jeden Manager: Jeder Schüler im Dojo und jeder Mitarbeiter einer Firma ist vielleicht auf anderen Gebieten selbst ein Meister. Wissen Sie, ob Ihr Hausmeister im Betrieb – oder heißt er vielleicht »Facility Manager«? – nicht ein hochgraduierter Aikidoka, ein virtuoser Geiger oder ein Meister in der Kunst ist, Opernarien rückwärts zu flöten?

Ein guter Lehrer wird sich also nicht zum Meister aller Dinge berufen fühlen. Er wird die Talente seiner Schüler fördern und ihnen richtige Wege aufzeigen. Sonst setzt er seine Rolle als Sensei aufs Spiel. Und sie ist es schließlich, die seinen Rang definiert. So lässt ein guter Lehrer Raum zum Wachsen für seine Schüler. Und er stärkt damit seine eigene Position im Gefüge der Senseis. Selbst hochgraduierte Meister wie Philippe schmücken sich nur zu gerne mit dem Namen ihrer eigenen Lehrer. Jeder seiner Schüler weiß, dass

Philippe seinerseits ein Meisterschüler von Christian Tissier in Paris war – eine Verbindung, die beide aufwertet. Zumindest so lange, wie sich beide an die Regeln halten.

Dabei ist das System der Senseis im Aikido auch keines der blinden Unterordnung unter eine einzige Autorität. Im Gegenteil: Die Senseis haben auch Senseis. Und der gegenseitige Austausch fördert die notwendige Offenheit, die starres Hierarchiedenken verhindert. So reisen Aikidomeister wie Philippe durch die ganze Welt, um in den Dojos anderer Meister Seminare zu geben. Gleichzeitig kommen befreundete Aikidomeister von überall her, um zum Beispiel in Philippes Dojo in Leipzig Unterricht zu geben. Und ihre Lehrstunden, die feinen Unterschiede, das Angebot unterschiedlicher Nuancen werden nicht nur toleriert, sie werden gierig aufgesogen von Schülern wie Meistern. Ihr enges Verhältnis zu »ihrem« Meister wird dadurch nur gestärkt.

Diese Kultur der Leitbilder, wie sie der Sensei im Aikido darstellt, ist eine Ordnung, die Sicherheit schafft. Ein Schüler muss so nicht jeden Schritt im Dojo neu erfinden. Er weiß, dass der Lehrer ihn freundlich, aber bestimmt korrigieren wird, sollte eine Technik nicht so ausgeführt werden, wie sie sein soll. Und er weiß auch, dass sein Lehrer sich seinerseits nicht auf seinen Lorbeeren ausruht, sondern selbst Schüler ist; ein Lernender, der sich immer weiterentwickelt.

Gleichzeitig sind die Schüler geschützt vor all jenen, die sich in Abwesenheit eines derart hierarchischen Systems vielleicht zu falschen Lehrern aufschwingen würden. Die Klugscheißer, die allzu gerne jedem erklären, »wie es geht«, sie bleiben im Aikido-Dojo still und stumm. Spätestens an diesem Punkt wird deutlich, wie attraktiv das System der Senseis im übertragenen Sinne auch für eine Unternehmenskultur sein kann.

Springen Sie über den eigenen Schatten – suchen Sie sich einen Sensei

Es ist auf den ersten Blick verwirrend, aber letztendlich relativ leicht, sich in einem geschlossenen System wie beim Aikido auf einen Sensei einzulassen. Aber im Umfeld des Unternehmens kann die Anerkennung einer höheren Autorität sehr leicht als Schwäche ausgelegt werden. Da scheint es oft wichtiger, eine vermeintliche Nähe zum »Chef« zu suggerieren, als tatsächlich einen wirklichen Mentor, einen Lehrer zu haben. Letztendlich ist die Unterordnung unter einen Lehrer jedoch die Anerkennung einer Lernkultur, die für alle gilt.

Robert erfährt es immer wieder, wenn er in seinen Rhetoriktrainings mit Top-Führungskräften zu tun hat: Dieses leichte Rucken, der kurze eisige Wind, der durch den Raum geht, wenn der »große Chef« vor der Wahl steht, sich entweder durchzusetzen oder etwas zu lernen. Klar, es gibt keinen größeren Narren als jenen, der sich durchsetzt, ohne gelernt zu haben. Das weiß doch jeder. Und trotzdem ist es eine menschliche Höchstleistung, das Haupt zu neigen und zu lernen. In der katholischen Kirche heißt das Demut – im Leben Bescheidenheit. Und die soll zwar eine Zierde sein, ist aber nicht immer leicht.

Umso befreiender und umso befriedigender ist es, wenn der eisige Wind verweht, wenn der Ruck nicht zum Krampf oder zum Kampf führt und wenn der große Chef die Türe schließt und sich zum Lernen hinsetzt. Viele moderne Manager haben das zu einem Bestandteil ihres Führungsstils gemacht. Und sie erwarten von ihren Mitarbeitern dieselbe Offenheit, sich auf Lehrer und ihre Lektionen einzulassen. Aber es ist tatsächlich eine emotionale Leistung, einzuräumen – vor allem, vor sich selbst einzuräumen –, dass es Arbeitsbereiche gibt, in denen andere die Meister sind, von denen es zu lernen gilt. Wie oben beschrieben: Es ist ein Bruch mit der leider etablierten Kultur der Alleskönner im Management. Ein gesunder Bruch mit einer schlechten Tradition.

Die Übung des Sensei

Suchen Sie sich gezielt Menschen, von denen Sie etwas lernen können. Warten Sie nicht, bis sich jemand als Lehrer anbietet. Beobachten Sie vielmehr, wer in einem einzelnen Bereich etwas kann, was Sie so gut nicht können. Und dann nehmen Sie diesen Menschen als Lehrer in die Pflicht. Die positiven Effekte eines solchen Vorgehens liegen auf der Hand: Ihr Arbeitsverhältnis mit diesem Kollegen bekommt eine neue, tiefere Qualität. Alle Mitarbeiter werden den neuen »Lehrer« als gewinnbringenden Teil des Teams erkennen. Es entsteht zwischen Ihnen ein Vertrauensverhältnis, und Sie lernen bestimmte Fähigkeiten. Sie signalisieren Offenheit für die Qualitäten anderer. Und Sie leben als Führungskraft den Respekt vor, den Sie von Ihren Mitarbeitern erwarten.

Drehen Sie den Spieß gleichzeitig um und überlegen Sie sich, was Sie an Ihre Kollegen weitergeben können.

Beide Prozesse lassen sich auch hervorragend in einem Workshop durchführen, in dem alle Kollegen ihre eigenen Fähigkeiten anbieten und damit gleichzeitig zur Offenheit für Lernprozesse auf anderen Gebieten verpflichtet werden. Machen Sie in kleinen Gruppen Listen persönlicher Lernwünsche und Lehrfähigkeiten. Es entsteht so eine Art Marktplatz, ein schwarzes Brett der Lernenden und der Lehrer. Der Schüler und der Senseis.

Die Verbeugung

Wenn Sie es bis hierher geschafft haben, dann sind Sie bereits auf dem Weg, ein glücklicher Manager zu sein!

Es gibt Tausende und Millionen Wege, glücklich zu sein. Jeder Mensch hat eine andere Empfindung von Glück. Und das gilt natürlich auch für Manager. Aber wir haben auch alle eine große Übereinstimmung darüber, was zum persönlichen Glück eines Menschen gehört.

Das Vertrauen in das eigene Menschsein ist eine sehr gesunde Einstellung. Es macht Führungsaufgaben sehr viel leichter. Und so wie Kinder und Jugendliche in dem Maße ein gesundes Körpergefühl entwickeln, wie sie ihrem Körper vertrauen können, so kann auch der Manager gezielt Vertrauen aufbauen. Wer weiß, dass er mit sich selbst und seinem Job glücklich sein kann, der wird auch Vertrauen in seine Lebenssituation haben. Die alltägliche Krise wird so nie zur existenziellen Krise.

Dieses Buch sollte Ihnen ein paar Anregungen geben, wie Sie ein glücklicher Manager sein können. Wenn an dieser Stelle das Gefühl steht, dass man auch als Führungskraft mit all der Verantwortung und all den täglichen Belastungen glücklich und ausgeglichen sein kann, wäre das wichtigste

Ziel für uns erreicht. Dass Sie die Ausdauer hatten, uns und den guten Sören Berlebach bis hierher zu begleiten, spricht entweder für Ihre Leidensfähigkeit oder für Ihre gesunde Weigerung zu leiden. Führungskräfte dürfen nicht unter ihren Jobs leiden. Dafür sind ihre Aufgaben zu wichtig. Sie haben ein Recht darauf, gesunde und glückliche Manager zu sein.

Am Ende jedes Aikido-Trainings verneigen sich die Aikidoka voreinander und danken sich für das gemeinsame Üben: »Domo arigato gozaimashita«. Wir verneigen uns in diesem Sinne nun vor Ihnen.

Danksagung

Dieses Buch ist das gemeinsame Werk vieler Menschen, nicht nur seiner beiden Autoren. Unser besonderer Dank gilt Sensei Minoru Inaba und den wunderbaren Lehrern des Meiji Jingu Shiseikan Dojo in Tokio für ihr Vorbild und ihre Motivation. Bernd Marenbach, dem »brother-in-arms«. Bernd Klosterfelde, der ein weiser Coach ist und wertvolle Tipps gab. Claudia von Rein und Torsten Kunath für ein wunderbares Fotoshooting im Meiji-Park in Tokio. Jürgen Diessl und Silvie Horch von ECON für ihr Vertrauen in dieses Projekt und den sehr feinfühligen Umgang damit. Lena Grünberg für ihre verständnisvolle Feinarbeit am Text. Lianne Kolf und Andrea Zimmermann, die sofort das Potential erkannt haben. Und nicht zuletzt Michaela Burdy und Erwin Burdy, die dieses Manuskript mit einer Geduld und Hingabe durchgearbeitet haben, wie sie nur eine Ehefrau und ein Vater aufbringen können.

Das raffinierte Spiel mit der Macht

Regina Michalik · **Intrige**
Machtspiele: wie sie funktionieren, wie man sie durchschaut,
was man dagegen tun kann
304 Seiten, Klappenbroschur
€ [D] 18,00 · € [A] 18,50
ISBN 978-3-430-20099-8

Wenn hinterlistige Kollegen und heimtückische Chefs ihre Machtspiele aushecken, stehen Existenzen auf dem Spiel. Denn Intriganten sind gute Strategen. Mit einer Kette von raffinierten Manövern streut der Intrigant Gerüchte, verbreitet Lügen, geizt nicht mit vergiftetem Lob und verschleiert sein Tun, so gut er kann. Am Ende steht das Ziel, einen Kollegen oder Konkurrenten aus dem Weg zu räumen. Doch es gibt Gegenstrategien und vorbeugende Maßnahmen.

Anhand vieler Fallbeispiele und eines 10-Schritte-Programms erklärt Regina Michalik, woran Sie Intrigen erkennen und was Sie dagegen tun können.

Econ

Mein Chef ist ein Feigling – Ihrer auch?

Patrick D. Cowden · **Mein Boss, die Memme**
Was läuft schief in deutschen Chefetagen?
304 Seiten / Klappenbroschur
€ [D] 18,00 · € [A] 18,50
ISBN 978-3-430-20131-5

Sie verbarrikadieren sich hinter ihren Schreibtischen, sie haben Angst vor klaren Worten, sie winseln unter dem Druck der Verantwortung: Jammerlappen in Führungspositionen sind eine Zumutung für ihre Mitarbeiter. Der Amerikaner Patrick D. Cowden beobachtet seit 25 Jahren die Memmen in deutschen Führungsetagen – und scheut bei seiner Diagnose keine klaren Worte.

»Cowden beweist Sinn für Pointen, direkte Leseransprache und knackige Vergleiche.«
MANAGER MAGAZIN, Klaus Werle

»Einer, der es wissen muss.«
BILD

Ein Buch über das, worauf es im Leben ankommt

Boris Grundl · **Steh auf!**
Bekenntnisse eines Optimisten
232 Seiten, Hardcover mit Schutzumschlag
€ [D] 19,90 · € [A] 20,50
ISBN 978-3-430-20041-7

Wie man Krisen in Chancen verwandelt, wie man Stärke und Größe entwickelt, obwohl man am Tiefpunkt ist, wie man sich selbst führt, sich überwindet und am Ende erfolgreich ist – Boris Grundl nimmt Sie mit auf seine Reise nach innen. Sie beginnt an dem Tag, an dem er sich den Hals bricht.

»Ein Stehaufmann, der seinesgleichen sucht«
Süddeutsche Zeitung

»Grund schreibt eingängig und lehrreich, die gekonnte Dramaturgie treibt den Leser durch den Stoff.«
Financial Times Deutschland